国防电子
热点 2014

主 编 余洋
副主编 黄锋 乔榕 李耐和

国防工业出版社

·北京·

内 容 简 介

本书对 2014 年度美国、欧盟、俄罗斯、日本等主要国家和地区国防电子领域 40 余个热点问题进行了深入研究和分析,这些领域涵盖国防电子工业、技术、装备和网络空间,涉及战略规划、产业调整、新技术发展、新装备研制等。本书可供国防电子工业、技术、装备和网络空间等领域的管理和技术人员参考。

图书在版编目(CIP)数据

国防电子热点.2014 / 余洋主编.—北京:国防工业出版社,2015.3

(国防电子智库)

ISBN 978-7-118-10060-0

Ⅰ.①国… Ⅱ.①余… Ⅲ.①电子技术—研究—国外—2014 Ⅳ.①TN01

中国版本图书馆 CIP 数据核字(2015)第 045092 号

※

国防工業出版社出版发行

(北京市海淀区紫竹院南路 23 号 邮政编码 100048)

北京嘉恒彩色印刷有限责任公司

新华书店经售

*

开本 710×1000 1/16 印张 13¾ 字数 181 千字

2015 年 3 月第 1 版第 1 次印刷 印数 1—3000 册 定价 168.00 元

(本书如有印装错误,我社负责调换)

国防书店:(010)88540777 发行邮购:(010)88540776

发行传真:(010)88540755 发行业务:(010)88540717

《国防电子热点 2014》
编委会

主　任：洪京一
副主任：李新社　王　雁
委　员：余　洋　黄　锋　乔　榕　李耐和　宋　潇　李艳霄

专家委员会

专家委员会主任委员：侯印鸣
专家委员会副主任委员：王积鹏
专家委员会委员：陆国权　高　岩　赵　捷　王　兵
　　　　　　　　李作虎　周　伟　李抒音　邹　恒
　　　　　　　　郭　海　王舒毅　黄　欣　全寿文
　　　　　　　　朱　松　陈鼎鼎　董扬帆　范晓岚

编写人员

余　洋　黄　锋　乔　榕　李耐和　宋　潇　李艳霄　崔德勋
宋文文　李　方　孔　勇　唐旖浓　颉　靖　蔡晓辉　黄庆红
张　倩　田素梅　李　爽　张　豫　潘　蕊　苏　仟　王　巍
徐　晨　陈小溪　罗　栋　刘海峰　严丽娜　蒋　豫　王润森
姜　莉　李　霄　范容杉　叶　明　杨京晶　刘惠颖

　　21世纪以来,信息化武器装备发展迅猛,为在信息化战争中赢得信息优势、决策优势和作战优势,世界主要国家积极推进国防电子工业、技术与装备发展。美国更是把保持或加大国防电子装备和技术优势作为其保持军事优势的重要手段,在整个国防预算大幅紧缩的情况下,加大了对情报、监视、侦察、网络、大数据、电子元器件和材料等领域的投资。

　　2014年,在国防电子工业领域,美国、俄罗斯和欧盟国家和地区采取多项措施,推进国防电子工业能力的稳步提升,提高区域创新力和全球竞争力,美国设立了集成光电制造研究机构,加速发展光电领域的先进制造技术,美俄欧加快推进国防电子企业的整合,欧盟还明确2020年前微/纳电子工业发展思路。在装备与技术领域,美国在侦察、导航和网络技术领域发展迅速,开始建设首部新一代"空间篱笆"雷达,研制高功率有源相控阵防空反导雷达,积极开展新一代定位、导航、授时技术研究,并启动新项目应对先进持续性威胁。在电子元器件和材料领域,美国的发展态势依然迅猛,IBM公司研制出名为"真北"的第二代类脑计算芯片,并全面推进瞬态电子产品的开发,太赫兹电子器件工作频率不断刷新,研发取得重大突破。在网络空间领域,美国、英国和日本等国家相继发布网络空间相关政策文件,注重提升应对网络空间威胁的能力,美国还发布了改善关键基础设施网络安全的框架,英国内阁办公室发布《国家网络安全战略目标的进展》报告,就2013年英国在打击网络犯罪、促进经济增长、保护网络空间利益等方面取得的重要进展进行了梳理。在安全管理领域,美国政府和军方都发布了相关计划或指令,对人员和设备的安全管理作出明确规定,并进一步完善身份验证及移动设备的政策与标准,如《人员安全计划》《个人身份验证证书指南》和《移动、PIV 和认证》草案。此外,美国通过《国防信息系统局2014—2019 年战略计划》,从顶层规划了国防信息能力建设重点,并 20年以来首次更新电子战管理指令,明确国防部各部门在提升电子战能力方面的职责,日本《网络安全基本法》正式实施,为日本建立有效的网络安全推行机制提供了法律依据。

工业和信息化部电子科学技术情报研究所长期从事国防电子工业、技术、装备、网络、安全保密等领域的跟踪研究工作,2014 年,在对国外国防电子领域五大模块 50 余个热点问题进行密切跟踪和深入研究的基础上,形成了百余项研究成果,其中部分成果受到领导机关及业内专家的肯定与好评。

为了使更多的领导和研究人员能够及时、准确地了解和把握2014年国外国防电子领域的最新进展、重大动向及其对武器装备的潜在影响,现将2014 年热点问题的研究结集成册。

在专题研究过程中,研究人员得到各级领导和专家的悉心指导,在此深表谢意。由于时间和能力有限,疏漏或不妥之处在所难免,敬请批评指正。

工业和信息化部电子科学技术情报研究所
2015 年 2 月

CONTENTS 目 录

>>国防电子工业篇

>>装备与技术篇

>>电子器件与材料篇

综合篇

专题一:美国国防信息系统局发布新版战略计划

2014 年 5 月 12 日,美国国防信息系统局(DISA)发布《国防信息系统局 2014—2019 年战略计划》(简称"计划")。"计划"取代了较早发布的 2012 年行动计划和 2013 版五年战略计划,从顶层规划了国防部信息能力建设的当前任务和重点方向,并确定了指挥控制、通信网络和信息应用等关键能力领域的发展目标和实施计划,为美军提升信息系统的任务效能、提高网络安全能力,以及建设国防信息基础设施提供了有效途径。

一、"计划"出台的背景

"计划"的发布具有深刻的背景,主要包括以下四个方面。一是作战需求牵引。近年来,美军提出"全球一体化作战""联合介入行动"概念,发展"跨域协同"作战能力,这对指挥控制和信息基础设施提出了更高的建设要求。二是网络空间争夺更加激烈,美国亟需发展防御能力更强的网络空间防御体系,以加强其网络基础设施安全。三是预算削减所迫。在国防预算削减的大环境下,美军需优化资源配置,提高国防部信息技术应用效率。四是信息技术推动。云计算、大数据和新一代移动互联技术在民用领域得到快速发展,将其应用于国防,不仅有利于信息共享和海量数据分析、提高决策能力,还可增强态势感知和协同能力。

二、"计划"的主要内容

"计划"提出 DISA 未来 5 年将构建一个环境、发展 3 项能力的战略目标,以及为实现该目标应重点关注的 9 项关键技术。

(一) 构建一个环境,发展 3 项能力

构建一个环境,是指建设一个一体化、安全的联合信息环境,实现国防部 IT 设备、通信、计算和全局服务的优化集成,为美军全球军事行动提供无缝、互操作、高效灵活的全局信息服务。

发展 3 项能力是指发展包括联合指挥控制能力、网络空间防御能力和资源投资优化能力。发展联合指挥控制能力是为了适应各种联合、跨机构和多国军事行动指挥需要,强化指挥控制一体化和指挥信息共享能力,使决策者能够灵活调配部队和资源,并迅速有效地共享指挥控制信息。发展网络空间防御能力是指利用先进的网络空间防御技术和强大的网络防御人才队伍,建设能够适应动态信息环境的网络空间防御体系,灵活响应全球防御态势的各种变化。提高资源投资优化能力,是指充分利用先进技术和标准化的保障服务,形成高效费比的国防部信息基础设施,使国防部资源应用效率最大化。

(二) 围绕战略目标,明确 9 大关键技术

为实现战略目标,"计划"确定了未来 5 年重点关注的 9 项关键技术。一是敏捷自适应指挥控制技术,使"以网络为中心"演变为"以任务为中心",实现数据向决策的迁移,建立决策优势。二是应用全寿命周期自动化技术,提高国防部应用开发、部署、测试和维护流程中的敏捷性,交付按需裁剪的云服务。三是大数据技术,大规模利用并行计算和存储,分析庞大而复杂的数据集,以提高数据利用的有效性和高效性。四是云计算技术,为用户提供按需、自助、具备快速弹性恢复能力的计算资源。五是网络指挥控制技术,有效部署网络组件,提供网络行为监控、情境分析、态势理解和网络空间防御能力。六是身份和访问管理技术,正确识别国防部信息网络的用户,对其访问网络资源和服务进行管理。七是高性能网络技术,使主干网容量达 100Gb/s 以上。八是

安全移动技术,在增强移动能力的同时,确保移动设备和应用程序的安全性。九是物联网技术,通过连接可唯一寻址的智能设备和传感器,构成广域通信网络,增强作战能力。

三、"计划"的主要特点

"计划"作为 DISA 未来 5 年信息技术领域发展的实施指南,体现出优化整合资源、突出网络安全新要求以及促进商用技术使用的特点。

(一)优化整合资源,建构一体化全局信息基础设施

"计划"提出要优化整合基础设施,废除传统的非互联网协议,规范网络共同标准,创建一个统一的具有 IP 网状传输能力的基础设施;引领国防部优化数据中心整合,建立核心数据中心;规范计算基础设施,通过云计算服务满足信息基础设施的安全性和互操作性,构成一体化的全局信息基础设施服务。

(二)突出网络安全新要求,增强网络空间防御能力

"计划"将提高应对网络空间威胁的能力,作为美国国防部信息技术领域发展的核心目标之一,提出以下具体措施。一是加强管理,建立安全标准和测试认证过程,支持美国网络司令部网络安全检验程序;二是建立身份识别和安全访问控制管理,杜绝匿名访问;三是加强云系统安全和移动性安全;四是利用大数据技术加强网络态势感知能力,更好地实现网络防御;五是建立强大的网络防御人才队伍,以安全运维一体化的联合信息环境。

(三)民为军用,促进商用技术的使用

云计算、物联网、移动互联、大数据技术在民用领域应用中快速发展,通过先进的通信、访问、信息共享能够更快更好地完成任务。为此,

"计划"提出利用商用信息技术和创新应用程序提升作战能力：基于移动设备大量使用的现状,发展并完善国防部移动能力,以提供安全、保密的数据应用服务；联手工业界拓展政府和商业云服务,建立国防部公共云和私有云。

四、几点认识

深入分析"计划"不难看出,随着移动互联、大数据、高性能网络和云计算等新兴技术的不断成熟和应用,美军信息网络和指挥控制系统等关键信息基础设施性能将显著提高,从而为全球作战提供有力的信息保障。

（一）移动互联和云计算技术正在改变作战想定,是建立联合信息环境的关键技术

美军在全谱作战及对抗性网络空间内的信息优势需求正在不断增长。与此同时,移动互联和云计算技术在商用市场上风起云涌,发展速度之快前所未有。DISA能否有效地支撑美军信息能力建设,取决于能否跟得上这个领域的发展步伐。美军将移动能力视为联合信息环境的首要优势。只有将移动互联和云计算技术应用于联合信息环境,方可构建此项能力,使作战想定发生革命性变化：作战空间内电子设备的数量将超过人员数量,设备、库存、设施控制手段、甚至人员均是有址可寻,且与系统和网络互联,基于云的骨干网将使移动用户在任意时间、任意地点接入国防部网络。

（二）联合信息环境将成为美国国防部通用基础设施,具备端到端信息交付和共享能力

联合信息环境是一种数据共享的最终状态,通过优化和整合国防部各种信息技术和服务,形成国防部通用基础设施,实现端到端的信息

交付和共享;大幅降低网络运维成本,减少受网络攻击的可能性,使全球作战人员能够利用各种授权设备,安全访问全局信息资源,以满足美军和盟军部队的未来作战需求。联合信息环境所体现的信息交付和共享能力,具有如下特点:一是将重要的信息能力整合成一个核心数据中心集,这些数据中心将作为联合资产进行共享和共同管理;二是用单一网络取代现有的单独设计和管理的网络,简化网络;三是通过改变信息访问方式来提高信息安全访问及网络防御能力;四是为项目管理人员提供一种标准化基础设施,使其可以利用该标准化平台进行系统构建。

(三)网络安全是联合信息环境的关键要素,大数据技术将有效加强网络安全防御

随着信息网络规模和复杂度不断增大,网络威胁日益严重,已成为实现信息共享、提高效率的瓶颈。联合信息环境将网络安全作为关键要素发展。一是通过统一安全体系结构增强网络安全,对威胁进行全程跟踪,预先在需要的地方部署所需防御,确保系统拥有恰当的能力应对威胁;二是打造"分析云"这一新的网络作战能力,利用大数据技术检测网络攻击和内部威胁。大数据能力正在成为现代战争的基本要素,其分析和提示能力可有效增强网络运维和网络防护,实现趋势分析和异常现象识别;其存储方式能够确保数据在需要时不会"丢失",更好地实现网络防御。

综上所述,美军在推进一体化信息基础设施建设的同时,更加注重利用新兴技术提升其信息能力,以满足美军提升信息系统任务效能、提高网络安全防御能力的需求。

专题二：美国参联会发布公开版《联合介入作战概念》文件

2014年4月7日，美国参谋长联席会议发布公开版《联合介入作战概念》。这是继2012年《联合作战顶层概念：联合部队2020》《联合介入作战概念》，以及2013年《空海一体战概念简述》之后，美军发布的关于联合部队建设的第四份重要指导文件，详细阐述了在敌对和不确定环境下，联合部队如何利用先进的区域拒止能力，实施介入作战，实现部队在战区的灵活机动性。

一、出台背景

2012年，美国国防部发布《保持美国的领先地位：21世纪的防务重点》，要求联合部队能够挫败反介入/区域拒止的挑战，成功进行兵力投送。在此战略指导下，美军出台《联合作战顶层概念：联合部队2020》《联合介入作战概念》和《空海一体战概念简述》，指导联合部队的建设。在此背景下，参联会发布公开版的《联合介入作战概念》，阐述未来联合部队如何利用跨域集成兵力向外国领土投送部队，完成介入作战的任务。

二、提出联合介入作战的核心思想

《联合作战介入概念》的核心思想是：构建任务定制型联合部队，使其经编组、训练和装备后具有独特能力，并全面了解介入作战任务的目的。联合部队将通过全面整合多疆域部队,在选定的介入点,利用敌人防御空隙,在域内和跨域进行突袭行动,形成多个介入点的局部优势,在适当作战条件下实施介入,以达成作战目标。介入行动的指挥和控制结构要能够实现联合指挥官跨司令部作战,对所有的联合和多国部队进行整合,使联合部队具备全球灵活的机动能力。

在实施介入作战的过程中,联合部队将依赖于美国本土、中间整备基地、移动式联合海上基地、远征机场和海港的支援来投送力量,以方便联合部队在选定介入点实施域内或跨域包围、渗透或突破。

三、明确了实施联合作战介入行动所需的 21 项能力

在对抗日益激烈的环境下,未来联合部队实施有效行动需要加强指挥控制、情报、火力、机动性和保障性等方面的能力建设。

在指挥和控制方面,所需能力包括联合司令部和多国部队司令部对职能司令部(如美国战略司令部、美国特种作战司令部和美国运输司令部)进行整合的各种能力;联合参谋部和作战司令部通过全面联合训练和演习计划,为联合司令部和军种司令部参与介入行动提供准备的能力;在恶劣或降效的通信、情报、网络空间和太空等环境中对部队进行指挥和控制的能力;使特种作战部队和常规部队实现有效互补的一体化能力;为满足跨机构和多国互操作及联络的需求,保持充分的通信和指挥能力,以及快速交换信息的能力。

在情报方面,所需能力包括在初始介入阶段之前和介入期间,要能够提供满足首批介入部队及增援介入部队需求的情报支援能力,以及对"任务分配和搜集情报"能力进行管理的能力;在介入行动期间,在降效或恶劣环境下处理、利用和分配情报的能力;在介入行动期间,与所有相关的联合、多国和跨机构伙伴快速分享信息和情报数据与产品的能力。

在火力方面,最底层战术梯队要能够及时获取联合火力支援,以完

成独立的机动作战计划;持续打击反介入/区域拒止威胁的能力;一体化信息作战能力。

在机动性方面,所需能力包括初始介入部队针对一个作战区域执行初始介入行动的能力;增援介入部队快速部署和机动至初始突击目标的能力;在维持初始介入行动的同时,缓解威胁、降低有害物对人员/装备/设施危害的能力;增援介入部队/支援部队,以反制敌方对部队的自由行动进行限制的能力;初始和增援介入部队在受核生化辐射和沾染的地区作战的能力。

在保障方面,所需能力包括快速获得合理调配的预配置成套设备和救急补给品的能力;对增援介入部队和后续部队所需的保障需求进行评估、规划、区分重点、排序、分发的能力;对介入区夺占后的基础设施建造、启用、评估、修理和改进能力;在多个地点提供不同规模和早期介入的大宗油料/液体投送系统,满足至少两个不同介入位置(包括近海和内陆纵深)作战的能力。

专题三：美国发布《美国政府云计算技术路线图》

2014 年 10 月，美国国家标准与技术研究院（NIST）发布了《美国政府云计算技术路线图》（简称"《路线图》"）第一卷和第二卷的最终版。该《路线图》从实现美国云计算的战略和战术目标出发，阐述了如何支持联邦政府加速云计算部署的思路，旨在促进联邦机构云计算的部署并支持私营部门参与相关活动，通过改进信息服务减少不确定性，加快推进云计算模式的进一步开发。该《路线图》充分利用了政府、工业界、学术界，以及标准开发组织等各界的优势和资源，共同支持云计算技术创新。

《路线图》指出，NIST 在加速联邦政府云计算的安全部署方面将发挥技术领导作用。NIST 将与标准组织、私营部门和其他利益相关者紧密协商和合作，指导其开发必要的标准和指南，以加速云计算的安全、快速部署。

该《路线图》的目标读者包括联邦政府决策者、联邦首席信息官委员会，以及那些在联邦云计算战略中已被确定为要发挥关键作用的机构、政府部门、云计算利益相关者（如学术界、政府、工业界、标准开发组织等）。

一、明确了进一步部署云计算的十大需求

《路线图》共分 2 卷。第一卷在介绍了《路线图》的目的和范围的基础上，重点阐述了联邦政府发展云计算技术所必需的 10 项需求，未

来的计划、合作、云计算与网络安全和大数据技术的关系,以及如何与其他信息技术发展计划和国家计划相适应等问题,并对部署云技术的优先事项进行了描述。

《路线图》认为,"云计算目前仍处于最初部署阶段","标准已成为加快部署的关键",经济原因使得部署云计算已非常迫切,并指出制定《路线图》的初衷就是要教促政府部门和私营部门中的云计算利益相关者开展实质性的研究与探讨,以确保 NIST 的技术标准、指南和研究工作能够聚焦于最重要的优先事项,《路线图》中确定的需求对任何新兴技术的部署都是通用的。

《路线图》采取举例说明的形式,对当前应予以满足但实际上并未得到满足的十大需求进行了阐述。这十大需求分别是:

需求 1:国际一致认可的标准;需求 2:开发能满足安全需求的方案,这些需求要在技术上独立于政策决策;需求 3:签署服务水平协议所需的技术规范;需求 4:明确和具有一致性的云服务分类标准;需求 5:为团体云提供支持的框架;需求 6:能够反映云计算业务和技术模式的新政策;需求 7:确定政府需求并提供解决方案;需求 8:协同并行战略"未来云"发展倡议;需求 9:定义并实施可信赖的设计目标;需求 10:定义并实施云服务指标。

上述 10 个需求集中反映了《路线图》最终版对 2011 年草案版的改进。特别是需求 2 和 6。修改后的需求 2 已较好地体现了云计算解决方案必须满足美国政府确定的需求并从组织决策中剥离的原则。需求 6 让人们更加清楚地认识到对新的政策指南的迫切需求。

《路线图》对每一个需求的描述,都从三个方面展开,即:美国政府机构必须满足的优先战略和战术需求;满足这些需求的互操作性、便携性,安全标准、指南和技术;优先行动计划。

二、定义了与云部署者相关的其他信息

《路线图》第二卷对目前已完成的工作进行了总结,并对评估结果

进行了说明,再次重申了《路线图》确定的十大需求。第二卷除了执行摘要外,还介绍了 NIST 云计算的定义和参考架构,通过业务应用实例和技术使用案例介绍了美国政府的云计算需求、技术标准和差距分析,讨论了云计算的安全性,并列出了妨碍云安全的清单及相应的解决方案。

1. NIST 云计算定义和参考架构

《路线图》认为,云计算服务包括 3 种清晰的服务模式:软件即服务、平台即服务和基础设施即服务。2010 年下半年,NIST 云计算参考架构项目组对现有的云计算参考模式进行调查并撰写了一份分析报告,同时推出了由供应商主导开发的相对中立的参考架构,扩展了NIST 云计算的定义。通过讨论和确认流程,NIST 云计算参考架构项目工作组分析了不同类型、错综复杂的云服务,确定了对"清晰的和一致的云服务分类"的需求,即第一卷的需求 4。

《路线图》指出云服务的部署模式主要包括私有云、团体云、公共云和混合云四种,其活动主要涉及云消费者、云提供商、云运营商、云审计师和云经纪人。其中:云消费者是云计算服务的主要利益相关者,代表一个自然人或组织,与云提供商保持业务关系,并享受来自云提供商的服务;云提供商是实体(人或组织),负责向有兴趣的各方提供云服务;云审计师是能够对云服务控制进行独立检测的一方,并就检测结论发表意见;云审计师对云提供商提供的服务进行评估,例如安全控制、隐私和性能;云经纪人是一个实体,管理云服务的使用、性能和提交,研究确定云提供商和云消费者之间的关系。一般情况下,云经纪人可以提供三类服务:服务中介、服务聚合和服务套利。云运营商作为一个媒介,在云消费者和云提供商之间提供云服务的连通性和交流。云运营商向消费者提供网络、电信和其他接入服务。

2. 云计算领域标准和差距分析

《路线图》指出,标准将在云计算中发挥重要作用,尤其是在互操作性、便携性和安全性方面。云计算标准的分析,以及由此产生的不足,与整个云战略密切相关。为了支持美国政府对云计算的可访问性、互操作性、性能、便携性和安全性的需求，NIST 公共云计算标准路线图工作组已经就云计算现行相关的标准的可访问性、性能、安全性、便携性和互操作性的标准/模型/研究/实例等进行了研究。并编制了云计算相关标准目录。

《路线图》要求加快云计算标准的开发，以支持不同组织对云技术的需求，例如云计算服务的互操作性、便携性、安全性、性能和可访问性。鉴于近年来联邦政府只批准了 3 个新的云计算标准的客观事实，《路线图》鼓励企业开展具体的云计算标准的开发，并优先支持他们的相关活动。在标准开发领域，《路线图》对联邦机构提出了 5 点具体建议：一是促成机构需求，相关机构应该为云计算标准项目协调和促成清楚和全面的用户需求服务；二是参与标准开发，相关机构应积极参与和协调高优先级的云计算标准开发项目；三是鼓励测试，以加速技术完善和标准的推出；四是指定云计算标准；五是政府要推动云计算标准的广泛使用。

3. 高优先级安全需求

《路线图》指出，行业调查和民意调查结果显示，安全、隐私和合规是考虑部署云解决方案最大的挑战。政府机构对敏感信息因未被有效保护而产生不利后果非常担心。尽管云计算的应用确实带来了一定的安全挑战。但是，《路线图》认为，这些挑战并不是不可逾越的，指出安全的云计算的关键是在特定的云架构中准确理解安全需求，使它们处于适当的安全控制之中，并在技术上、运营商和管理维度上进行实践。此外，云计算可以构建新的安全架构和解决方案，从而使服务更鲁棒和更灵活。联邦政府管理人员出于对安全性的过度考虑，可能会成为云计算部署的障碍，为此，建议政府部门考虑相应的解决方案。

《路线图》指出，要在云环境中认识安全。基于云的服务可以利用对安全架构的现有分析，解决安全问题，如认证、授权、可用性、保密性、完整性、身份管理、审计、连续监测、应急响应和安全政策管理等。

　　《路线图》提出了具有挑战性的安全需求和风险解决方案。鉴于迅速变化的云行业解决方案的前景和新兴的云安全标准，目前很难提供一个明确的总体结构框架。但作为路线图倡议的一部分，NIST 云计算安全工作组已经草拟了一个可能对云部署构成安全障碍的清单，以及为解决或减轻现有风险的有效策略。

　　《路线图》把安全需求和解决方案分成两类，即面向过程的需求和主要技术的需求。面向过程的需求包括 NIST SP800－53 基于云的信息系统的安全控制、云审计担保和日志敏感性管理、云认证和认可、必要的电子化搜寻指南、必要的云隐私指南、云参与者安全作用和职责的界定以及云运营商的可信赖性、业务连续性、灾难恢复性和技术连续监测能力。主要技术需求则描述了潜在的安全障碍和风险缓解措施，焦点是技术机制。主要包括消费者的可见性、消费者的控制、数据安全、账户折中的风险、身份认证和访问管理（ICAM）和授权、多租赁风险和担忧、基于云的服务拒绝，以及事故响应。

专题四：美国国防部 20 年以来首次更新电子战管理指令

2014 年 3 月 26 日，美国国防部发布新版《电子战政策》指令，这是美军 20 年来首次更新电子战管理指令。新指令规定了美军发展电子战能力应遵循的政策，强调电子战要与其他作战行动联合，并详细规范了国防部相关部门的职责。

一、出台背景

美国国防部曾于 1992 年发布过《电子战政策》指令，并于 1994 年做了修订。该指令定义了电子战与指挥控制战的关系，界定了国防部各部门对电子战的管理职责。

2012 年 7 月，美国政府问责署向国会提交了《国防部应加强电子战管理和监控》的报告，分析了美国国防部电子战管理存在的不足和面临的各种挑战。为了适应新形势下联合作战的需要，界定电子战与其他作战行动的关系，充分发挥电子战在现代战争中的作用，同时也作为对美国政府问责署报告的回应。美国国防部更新了《电子战政策》指令，以进一步规范美军电子战能力发展遵循的政策和国防部各部门的电子战管理职责，提升作战部队在各种军事行动中的电子战能力。

二、主要内容

新指令主要更新了美国国防部的电子战政策，指出电子战应在联合作战和电磁频谱控制方面发挥重要作用,同时规范了国防部各部门的电子战职责,明确了战略司令部在电子战方面的领导地位。

（一）强调电子战与其他作战行动的联合

新指令规定,国防部各部门要共享电子战的战术、技术与程序,促进电子战能力的同步与集成,使其成为跨领域的联合作战力量。指出要将电子战集成到各种军事行动和任务规划中,尤其是常规作战、非常规战、信息作战、空间战、网络空间行动以及导航战。研发并采购可有效支持联合电磁频谱行动的电子战系统,鼓励跨部门协同进行电子战系统的开发和训练。

新指令要求,要将电子战能力、战术、技术和程序最大程度地集成到联合演习和训练体系中;要做好训练靶场、相关设施、电磁频谱资源、试验场的保障,以支持电子战训练和能力发展;要在作战环境下验证电磁频谱相关系统全寿命周期的能力,并提供电磁防护的证明文件;要评估美国及其盟国电磁频谱系统、子系统和设备之间的电磁兼容性,以确保电子战系统在预期的电磁环境中能够有效工作,不受潜在的电磁互扰以及敌对干扰。

在全寿命周期内为电子战系统及相关数据库提供有效的情报支持,尽最大可能确保相关数据库能够为美国盟国和国外任务伙伴利用,要对主要电磁威胁开展综合评估,跟踪预定或潜在对手的主要技术和战略发展。

（二）确定国防部相关部门的电子战管理职责

新指令详细规定了国防部相关部门在电子战方面的主要职责。指定分管采办、技术与后勤的国防部副部长为电子战系统采办和发展的主要责任人,确立了战略司令部在掌握电子战能力、了解电子战需求和确定联合电子战方面的领导地位,弥补了国防部在电子战管理方面的不足。新指令规定,战略司令部将与联合参谋部和国防部长办公厅共同推进电磁频谱联合作战政策的制定和完善,以加强对电子战和电磁频谱的管理,同时还将向其他司令部提供突发事件的电子战支持,监督联合电子战演练活动的开展,并协助完成电磁频谱联合作战任务的计划制定、执行和评估。

新指令赋予特种作战司令部电子战管理职责,明确要求其在特种作战行动中要规划和监管电子战力量的集成和运用,确定特种作战对电子战的需求优先级。特种司令部还要运用电子战的特种作战能力支持联合作战中其他作战任务的完成。

分管情报的国防部副部长在对电子战的情报保障方面处于领导地位,监督与管理情报能力的发展,为电子战能力采办、规划与执行,以及相关数据库建设提供情报支持。国防情报局、国家安全局在分管情报的国防部副部长的领导下,就相关业务领域电子战能力的发展、规划、分析和执行提供情报保障。

三、新指令的特点

电子战在美军中的重要性日益增加,新政策的发布对保障美军在复杂、恶劣的电磁环境下对电磁频谱实施有效控制和使用具有重要意义。

(一)突出电子战的独立性

美国国防部1994年的电子战政策将电子战视为指挥控制战的一个组成部分。新政策将电子战和指挥控制战分离,指出电子战是利用电磁脉冲和定向能控制电磁频谱或攻击敌人的军事行动,包括电子攻击、电子防御和电子支援,从内容、形式上更加强调了电子战的独立性,因而指导性更强。

(二)强调电子战与电磁频谱行动的联合

新政策新增了电磁频谱控制、联合电磁频谱行动、联合电磁频谱管理行动等术语与内容,明确提出了支持联合电磁频谱行动的电子战能力需求,要求协调所有电子战需求并明确其优先级,以有效控制电磁频谱,支持军事行动,同时突出了电子战对卫星、雷达、无线电、无人机以及移动设备的电磁频谱控制的支撑作用,尤其是保障恶劣环境下美军对电磁频谱的使用。

(三)强调电子战跨域、跨部门协同

新指令的目标之一就是将电子战整合至各军事作战领域。新指令要求研发并采购可有效支持联合电磁频谱行动的电子战系统,尽可能将电子战能力、战术、技术和程序等纳入联合演习和训练体制,国防部各部门要共享电子战战术和技术,提升跨部门联合行动能力。

新指令规定所涉及的责任方要比原来广泛得多。新增加了分管国防政策的国防部长、分管人事和战备的国防部副部长、分管情报的国防部副部长,去掉了分管指挥控制与通信情报的国防部副部长。另外,责任方还新增加了国防部首席信息官、成本评估与计划鉴定局、作战指挥官、特种作战司令部、战略司令部等人员和部门。新指令细化了职责,提高了对电子战能力监管的有效性,同时也反映出电子战涉及领域和影响力越来越大。

不过,新指令对目前普遍关注的电子战密切相关的部分问题并未说明。例如,新指令没有清晰阐述战略司令部联合电磁频谱控制中心的电子战职责,也没有谈及网络空间行动,尤其是电子战与网络空间行动之间的关系,这些都值得我们拭目以待。

专题五：美国政府宣布将移交对国际互联网的基本管控权

2014 年 3 月,美国政府宣布将移交对国际互联网的基本管控权。如果这一承诺得以落实,美国商务部下属的电信和信息管理局(NTIA)将于 2015 年 9 月正式移交对互联网名称与数字地址分配机构(ICANN)的管理权,从而结束美国自 1999 年以来在国际互联网域名和地址资源管理领域的领导地位。

一、原因分析

(一)迫于国际社会长久以来的压力

随着近年来互联网的全球化发展,越来越多的国家对互联网由美国单独管控表示不满,强烈呼吁启动互联网管控模式改革。

早在 2005 年的信息社会世界高峰会议上,有关国家就对 ICCAN 的管理权提出意见,并要求由国际电信联盟来管理互联网。2012 年 12 月,俄罗斯在国家电信世界大会上提议修改《国际电信规则》,主张成员国对互联网的管理应当有平等的权利,得到中国、印度等众多新兴国家的支持。2013 年 10 月,一些互联网国际组织联合发表"蒙得维的亚声明",主要内容之一就是呼吁"加速互联网的职能全球化,让包括各国政府在内的所有利益相关者平等参与"。

2014 年 2 月,负责欧洲数字化议程的欧盟委员会副主席内莉·克勒斯敦促结束美国对互联网的控制权,包括欧盟国家在内的部分发达国家和广大发展中国家一致呼吁,希望能将相关管理权移交给一个依法代表所有国家的国际组织,在联合国框架下新设一个管理机构。

(二)由于"斯诺登"事件的推波助澜

2013年,美国防务承包商前雇员爱德华·斯诺登曝光美国政府代号"棱镜"的秘密监听项目。尽管美国总统奥巴马表示该项目的在于反恐和保障美国人安全,且经国会授权,并在美国外国情报监视法案的监管之下,但世界舆论普遍对美国政府在人权、自由、反恐问题上采取的"双重标准"表达了愤怒和反感。"斯诺登"事件破坏了网络空间的信任与合作,极大动摇了互联网治理的基础,使国际互联网空间斗争形势发生了更加不利于美国的变化。

除了既有压力外,美国还需面对其阵营内部的压力。为有效应对美国的"监控",欧盟提出建立"欧联网"、巴(西)—欧海底光缆。欧洲委员会提出包括为ICANN全球化明确时间表等七大改革建议。在强大的国际舆论压力下,包括ICANN在内的多个互联网管理机构也共同发表声明,呼吁实现ICANN的"全球化"。

二、未来形势分析

尽管美国对互联网管理权做出让步,但是美国的信息技术和网络技术远远领先,其他国家与美国的"数字鸿沟"难以很快弥合,短期内美国在互联网域名管控占尽优势的局面并不会改变,而且ICANN将会继续扮演关键角色。

对于未来互联网管理权移交问题,将在ICANN会议上继续讨论,而美国强调"不会接受由政府或政府间机构主导的互联网管控方案",换言之,互联网管理权不会移交给联合国或国际电信联盟。这是美国不愿交权的一种借口或策略。NTIA已要求ICANN召集"全球利益攸关体"提出移交方案,但这一方案必须获得广泛国际支持,并遵循多利益攸关方模式、维护域名系统安全性、稳定性和弹性、满足受影响各方的期望以及维护互联网的开放性 4 个标准。"全球利益攸关体"并没有明确的定义,这是移交进程的首要变数。

由于 ICANN 在美国登记、受美国法律影响,使美国可能仍会对所谓"全球利益攸关体"保持巨大的影响力,即使最终美国将 ICANN 置于"全球利益攸关体"的管理之下,但美国仍可能在这一体系下占尽优势。

尽管如此,未来的互联网管控仍然可能朝着一种多模式的"立体治理结构"发展,即政府、组织、企业等多种行为体共同参与,国际、国家、地方等多层面协同管理,法律、政治、技术等多维度共同维护的模式。

专题六：美国提出振兴联邦安全实验设备与基础设施的 6 项建议

2014 年 9 月，美国白宫科技政策办公室网站公布了《现代化与振兴联邦安全实验设备与基础设施的建议》，针对美国当前联邦安全实验设备和基础设施所面临的恶劣条件、不同机构间的设备设施协调使用差、相关评价指标不完善、预算环境不佳等问题，提出了振兴联邦安全实验设备与基础设施的 6 项建议，以使学术机构和私营部门更高效地利用这些设备和设施，从而更好地完成美国当前及未来国家和国土安全任务。

一、联邦安全实验设备与基础设施的概念与范畴

联邦安全实验设备与基础设施是美国为履行国家和国土安全任务而开展研发活动时所必须依赖的资产。安全实验设备与基础设施既包括传统的实验室和高性能计算机设备等，也包括用于支持武器系统研发、测试与评估活动的高精密仪器设备的大型设施，如加速器、风洞、露天靶场等。

国家安全设备与基础设施的关键性作用主要体现在其可以帮助有关机构提前发现诸如武器装备的易爆性、结构强度差等潜在威胁，从而制定应对措施。

二、联邦安全实验设备与基础设施目前存在的主要问题

目前，美国研发机构的设备与设施的总体状况不佳，许多已达到设

计使用年限,继续使用将对武器装备的研发、测试与评估活动的成本、质量、安全性及连续性产生不利影响,降低实验结果的可信性;同时,也不利于联邦实验室吸引遂行关键任务的高素质科学家和工程师,进而影响创新能力。此外,美国联邦预算的不断缩减,使国家安全实验设备及基础设施的正常运转面临挑战。

三、振兴联邦安全实验设备与基础设施的 6 项建议

为应对美国联邦实验设备与基础设施当前所面临的诸多问题与挑战,报告提出了 6 项建议,分别为:

组建跨机构小组,负责协调国家安全设备与基础设施。建议在联邦政府内部单设一个跨机构小组,负责协调国家安全设备与基础设施,促进信息交换,处理在维护国家安全设备与基础设施时遇到的挑战。小组将帮助明确和共享各政府机构的现有能力,同时确定有必要改进的设备设施,以最大程度地发挥国家安全设备与基础设施的价值。

采用并逐步完善相关指标、流程与工具,从而准确捕捉国家安全设备与基础设施的情况及其对于完成相关任务的影响和效果。建议改善描述国家安全设备与基础设施情况、有用性及其对于完成任务的关键性等方面的现有方法,以便更好地为相关机构的投资决策提供依据。新的方法包括:制定并完善精确的量化标准,以判断国家安全设备与基础设施的当前状况对于完成相关任务的影响;建立并执行一套严格且可重复的流程,以收集、分析国家安全设备与基础设施的相关状态和性能数据;采用灵活和可定制的工具及管理系统,用于收集和分析国家安全设备与基础设施数据。

创建关于国家安全设备与基础设施的在线目录,促进联邦资源与能力共享。建议创建关于非密国家安全设备与基础设施的综合性在线目录,描述这些设备设施的功能与能力,以使相关机构能够就联邦实验室中的非密国家安全设备设施情况进行有效沟通。报告同时建议,为

创建这样的在线目录,应当首先制定行政指令,要求相关政府机构和实验室提供各自所有且可用的国家安全设备设施资源信息,并不断进行信息更新。

在国家安全科学与技术战略中明确国家安全设备与基础设施的优先发展重点。建议在顶层国家安全科学与技术战略中明确国家安全设备设施优先领域和相关描述,以使相关机构的战略性计划与投资更加有效,同时也有助于政府机构间的沟通交流与合作。

基于联邦政府积累的经验教训,促进各机构间国家安全设备与基础设施合作伙伴关系最佳实践的发展。建议建立最佳实践文档,帮助相关机构抓住合作机会,发展合作伙伴关系,分享从现有国家安全设备与基础设施合作伙伴关系中得到的经验教训。

解决现有的立法与监管障碍问题,资助国家安全设备与基础设施。建议解决现有的立法与监管障碍问题,落实战略性投资,维持联邦政府的国家安全设备与基础设施发展。相关做法包括:明确使用跨机构合作资金和资本重组资金的相关规章与政策;扩大当前对国家安全设备与基础设施的私募融资机制。这些措施将有助于构建更为灵活的国家安全设备与基础设施资源,进而能够更为有效地响应不断变化的任务需求。

专题七：俄罗斯举办第二届"国防部创新日"主题展强调自主创新

2014年8月，俄罗斯国防部在莫斯科郊区阿拉比诺靶场举行了"2014年俄罗斯国防部创新日"主题展（简称"国防部创新日"主题展），来自联邦政府、军兵种，国防企业和两用产品生产商，以及科研院所和高校等各方代表1500余人参加了主题展。

一、展会背景

"国防部创新日"主题展是由俄罗斯国防部主办、国防部科研活动和先进工艺（创新研究）跟踪总局具体承办的一个国际性防务展。主要用以展示俄罗斯国防工业领域先进的观念、技术和产品，目的是为国防和安全领域所开展的创新性科学研究、产品研制和技术研发工作提供更好的产品和服务支撑。

2013年8月，俄罗斯国防部在莫斯科举办了首届"国防部创新日"主题展，2014年是第二届。据主办方称，2014年的"国防部创新日"主题展还是"2014坦克两项国际赛"①的一个组成部分，因而吸引了更多的厂商参展。

二、展会主要安排

与2013年仅举办一场展览不同，2014年的俄罗斯"国防部创新日"主题展分3个阶段、设3个主题、共在3个地区举办了3次集中展示活动：

---

① 2014年8月4—17日在阿拉比诺举行。

第一阶段（2014年6月6日），为"西部军区创新日"，主展地为圣彼得堡列瓦绍沃机场；

第二阶段（2014年6月26日），为"中部军区创新日"，主展地为叶卡捷琳堡的"军官环形公寓"；

第三阶段（2014年8月4—5日），为"国防部创新日"，主展地为莫斯科郊区的阿拉比诺靶场，展区面积达12000m²。

在莫斯科展览期间，俄罗斯国防部还安排了7次圆桌会议。其主题分别为：微系统技术在保障有前景的装备和军事技术研制中的应用现状及发展方向；俄罗斯国防部研发成果应用的迫切问题；《国防采购法》修订后，国防订货的配置特征，采购领域有关合同的法律问题，以及国防采购参与方的典型失误及避免方法；21世纪单兵装备的发展前景与方向；国防部无人机系统制造技术的突破性创新发展；独立于国防部的国防领域先进创新研究外部鉴定委员会的组织结构和运作方式，以及相关机构的协作机制；国防部所需的保障军队日常活动安全的创新性工程技术。

三、特点分析

（一）彰显了政府鼓励自主研发的决心

普京重新入主克里姆林宫以来，面对复杂的国际形势，一直主张要加大武器装备的国产化进程。乌克兰危机爆发后，因西方经济制裁和取消军事技术领域的合作，使俄罗斯军工生产受到严重冲击。

此次由国防部出面组织如此大规模的以"创新研发"为主题的主题展，彰显了俄罗斯政府鼓励自主研发的决心。此次展览的邀请函由俄罗斯国防部副部长波波夫（图1）签发，国防部部长绍伊古，以及布尔加科夫、鲍里索夫和波波夫三位国防部副部长都参加了主题展的开幕式，绍伊古还亲自按下展览开幕按钮，其规格可谓"高"。

(a) 俄国防部部长绍伊古按下展览开幕按钮　　(b) 俄国防部副部长波波夫签发展览邀请函

图1　俄罗斯国防部官员积极参与国防展相关活动

（二）展示了俄罗斯新近研制的技术与装备

据主办方称,2014年"国防部创新日"展主要展示新近研制的自动化指控系统、无人机装备、通信和数据传输系统、电子对抗和电子战装备、专用计算机和机器人技术,以及技术保障设备和通用装备(图2)。在此次展览中展示的名为"古地中海"的深水救生设备,是2013年"国防创新日"展览确定的研制项目。仅用一年时间,承研单位就完成产品的研制工作,目前正在进行极端环境下的稳定性实验,其产品可谓"新"。

图2　展览会展示的各种军用机器人

（三）推出了部分即将装备部队的装备

此次展览分为公开展览和非公开展览两部分。在非公开展览部分，集中展出了部分近期即将装备部队的装备，如即将装备航天部队的由"米克兰"科研生产公司研制的多功能侦察情报系统，以及2015年2月就可能装备部队的"卡玛兹"–3344履带式运输车（图3）等。另外，由卡什尼科夫康采恩和克拉斯诺雅尔斯克"兹维列夫"厂联合研制的"数据加工中心"三维模型，也在展览中进行了展示，其展品可谓"精"。

图3　展览会展示的"卡玛兹"–3344履带式运输车

（四）吸引了军地各方的科研和生产单位

"国防部创新日"主题展虽由国防部主办，但参展单位以俄罗斯企业为主。据主题展官方发布的消息称，共有268家机构和企业注册参展，但实际上有300余家单位的产品参加了展示。参展方来自方方面面，既有俄罗斯军事科学院这样的中央级研究院，又有沃洛格达光学机械厂这样的地方性企业；既有军方专门从事军品科研生产的海军学院，又有地方从事两用产品开发的"联盟"联邦两用技术中心；既有苏霍伊这样的大型军工集团，又有"金刚石—安泰""星座""维加"等康采恩，其参展单位可谓"多"。

除专业人员外,此次展览主办方还邀请科研院所和军地高校领导,武器和军事技术领域两用技术和专用技术研制人员、青年学者和部分青少年参观了展览。

专题八：俄罗斯积极应对西方制裁 鼓励自主创新和进口替代

早在普京重新入驻克林姆林宫之时，就明确提出，必须要加强俄罗斯国产技术与产品研制工作。2014年爆发的乌克兰危机，使俄罗斯不得不面对来自西方国家的严厉制裁：欧美禁止向俄罗斯出口军民两用高技术产品，乌克兰全面禁止向俄罗斯提供武器装备及其配套产品，这些制裁严重冲击了俄罗斯军工企业和武器装备改造与升级任务的完成，让俄罗斯清楚地认识到，在国防关键领域，必须要"转向本国制造"。这使俄罗斯政府更加坚定地推进进口替代工作，以普京、梅德韦杰夫为代表的俄罗斯高层密集发表各种讲话，并出台一系列政策和举措，加快实施自主创新和进口替代。

一、政府高度重视，反复强调进口替代的重要性

乌克兰危机，打破了俄罗斯与乌克兰原本相对密切的经济与军事合作关系，并使俄罗斯经济及国防领域所需技术和产品严重依赖进口的问题暴露无遗。普京、梅德韦杰夫等俄罗斯高层多次强调，要尽快解决国防工业领域的进口替代问题，工业和贸易部（简称"工贸部"）也开始着手制定相关计划。

（一）总统层面

俄罗斯总统普京2014年7月7日在总统下属的对外军事技术合作委员会会议上发表声明称，应尽快解决进口替代问题，以填补俄罗斯军

工领域的"空白"。在 11 月 27 日召开的国防采购会议上普京再次表示,国防企业应"着力解决武器和军事技术设备元器件的进口替代问题",其关键任务是"提高产品的质量",他要求俄罗斯国产的元器件"应该超越外国制造的产品"。12 月 4 日,其在面向全国民众发表的国情咨文中又再一次提到"进口替代"的问题,指出必须要"减少对国外技术和工业品的严重依赖",并于 12 月 8 日责成政府要在短期内确定技术领域的进口替代临界点,明确优先发展的技术及领域,以及如何保障这些领域的替代技术能够在生产中迅速应用的具体措施。

(二)总理层面

2014 年 10 月 29 日,梅德韦杰夫总理在会见"统一俄罗斯"党成员时指出,俄罗斯将在年底前出台有关进口替代和工业发展的新规定。30 日,其在"俄罗斯支柱"论坛上又表示,进口替代不能仅限于商品的替代,还要尽快地在技术领域实现进口替代。

(三)各部门层面

俄罗斯主管国防工业的副总理罗戈津 6 月 10 日在其个人推特微博上明确表示,虽然乌克兰全面停止同俄在军工领域的合作,但俄工贸部已经制定了全面替代乌军工产品的计划。罗戈津也曾公开表示,不管西方制裁未来走向如何,都不会影响俄罗斯国防工业领域的进口替代计划。8 月 4 日罗戈津在联邦政府海洋委员会会议上表示,俄罗斯应当实施进口替代,以回应西方制裁。面对高层频频提出的加快推进进口替代工作的要求,到 2020 年俄设备及机械生产的进口依赖度将从目前的 90% 降至 50% ~60%。

在高层的反复强调和积极推动下,各联邦政府有关部门也纷纷表态,支持制定进口替代的决定,并开展了相关工作。俄工贸部部长曼图罗夫也公开表态,俄罗斯有能力解决军工领域进口替代问题,包括将不从乌克兰进口燃气涡轮发动机。从 2014 年 6 月工贸部已开始着手研究制定进口替代计划。

俄罗斯经济发展部部长阿列克谢·乌柳卡耶夫4月在回答杜马议员提问时也表示，一定要制定相关国家计划和联邦目标纲要，以解决进口替代问题。

俄罗斯《消息报》曾刊文称，仅用于替代乌克兰军工产品一项，俄政府就将投入14亿美元。

二、改革管理架构，强调集中管理与统一协调

为解决国防工业领域国家管理体系权利分散、权限划分不清等问题，俄罗斯于2006年成立政府直属机构"军事工业委员会"，负责制定并监督实施军事装备建设及国防工业发展的国家政策，并协调工贸部、国防部和企业之间的关系。该委员会于2012年5月增加了对国防部与国防企业之间争端（包括价格纠纷）进行仲裁的职能。为加强对整个国防工业发展的协调与管理，2014年9月10日俄罗斯总统普京签署《关于确定俄罗斯联邦军事工业委员会成员》的总统令，将俄罗斯军事工业委员会改为总统直属机构，由俄罗斯总统普京直接领导。此次调整赋予了军事工业委员会新的地位和更加宽泛的职能，有利于有效地协调俄罗斯国防部及其他部门与军工综合体间的关系，解决国防采购及国家进口替代计划实施过程中的问题。与此同时，调整为总统直辖之后，也有助于该委员会在实施新版国家武器装备发展计划中更好地发挥作用，促进国防与国家安全等领域各项政策的有效实施。

俄罗斯联邦先期研究基金会2012年底成立后，经过一年多的建设，2014年筹集了1亿美元的国家预算，整合国防工业领域相关机构及企业的力量，开展了水下勘察项目、军用机器人项目、电磁轨道炮和飞行装甲车等20余项研究工作。有力地推动了武装力量现代化进程，促进了企业的创新，为俄军用、特种及军民两用产品的开发起到了积极作用。

2014年9月8日俄罗斯总统普京签署了第613号总统令,撤销联邦武器、军事特种技术和装备供货局与联邦国防订货署,将其职能转交与俄内务部、国防部、对外情报局等政府机构。上述两机构的撤销将改善俄国防领域供货及订货职能脱节的现状,强化政府的统筹协调,畅通国防订货渠道。

2014年俄罗斯还成立了无线电电子设备研发与生产商协调委员会,旨在调节该领域的企业活动,促进企业同联邦政府机构及相关机构的协调行动,努力提高电子元器件国产化,以解决进口替代问题。在其12月9日召开的第一次会议上,选举产生了委员会领导成员。其成员包括:俄罗斯电子股份公司副总经理阿尔谢尼·布雷金、乌拉尔车辆厂副总经理瓦列里·普拉东诺夫、俄罗斯科学院副院长与俄罗斯科学院西伯利亚分院院长亚历山大·阿谢耶夫、俄罗斯技术公司科技委员会主席技术博士尤里·科普捷夫等。该委员会的成立将有利于便捷地协调各工业企业的力量,为无线电电子工业的发展提供更广阔的发展空间。

三、采取多种形式,为企业提供必要的资金支持

为促进国防军工领域发展,政府出台相应法律政策,对企业发展所需资金予以法律层面的保障。2012年新修订的《国家国防订购法》明确指出,政府将为国防承包商完成国防订货所需贷款提供国家担保,并予以贴息补偿。

为减轻西方制裁对本国的企业的不利影响,2014年9月,俄政府向战术导弹公司、"金刚石—安泰"康采恩、杨塔尔造船厂等7家国防企业提供了总额超过3.2亿美元的国家贷款担保,以维持这些俄罗斯重要武器及装备供应商的正常运转。

2014年5月,在圣彼得堡国际经济论坛上,俄总统普京明确指出,为畅通优势项目的资金贷款渠道,将成立工业发展基金。8月,梅德韦

杰夫总理正式签署了建立工业发展基金的政府令,该基金将在未来三年为工业项目提供4.9亿美元资金支持。

四、修订法令法规,创造良好的法律环境

为强化国家工业整体效能,营造更加有利的发展条件,2014 年 12 月,俄罗斯国家杜马审议通过了工贸部《俄罗斯联邦工业政策》的修订草案。该草案明确了俄罗斯工业政策制定的原则、扶持措施,以及各部门的权限,旨在为解决当前工业领域面临的问题提供法律支持。

为简化国防订货的审批流程、规范审批手续、激发企业的积极性,保障国防订货及国家武器装备发展纲要各项任务的按时完成,2014 年俄罗斯启动了《国防法》的修订工作。12 月,国家杜马对《国防法》修订案进行了两次审议,预计该法修订案将于 2015 年 12 月正式获得通过。根据目前资料显示,该修订草案将强化联邦政府对国防工业发展的支撑与保障作用。

专题九：日本成立国家安全保障委员会并出台《国家安全保障战略》

随着与周边国家安全环境的不断紧张，日本在国家安全领域动作频频。2013年12月4日，日本国家安全保障委员会正式成立，其职责类似于美国国家安全委员会，旨在加快日本外交和安全政策的决策速度，加强首相在外交和防卫事务上的领导力，并进一步加强与美英等国的密切联系和情报共享。该委员会迅速通过并出台了日本首个外交与安全政策综合方针《国家安全保障战略》，用以指导日本未来10年的安全政策，并为安倍政府推进的"积极安保政策"提供支持。

一、安全形势与背景

随着周边安全形势不断变化，安倍政府借机不断加强日本的军事能力，显示出日本要在国际事务中发挥主导作用的意图。日本经济长期低迷及政府措施乏力，使得日本国内矛盾不断加深，安倍政府为转移矛盾调整国家发展方向，以强硬的外交姿态争取国内政治支持。安倍政府还利用与中国、俄罗斯、韩国等周边国家的领土争端，大肆渲染外部威胁，争取国内外势力的支持。同时，美国亚太发展战略也给日本带来了发展军事力量的机会。在这种形势下，日本强化军事能力的战略选择，既可以配合美国的亚太战略，也可以牵制中国的发展，又可为其自身扩充军备创造条件。

二、成立国家安全保障委员会

基于上述背景形势，在安倍政府的大力推动下，日本成立国家安全保障委员会,进一步集中和强化了首相对于外交和防卫事务的领导力,并加强了与英美在安全事务上的合作。日本国家安全保障委员会主要由四大臣会议、九大臣会议、紧急事态大臣会议构成,并新设专门负责国家安全保障的首相助理官(类似美国安全事务助理)。其中,该委员会的核心机制是由首相、内阁官房长官、外务大臣和防卫大臣组成的"四大臣会议",每月定期举行2次例会,就涉及日本国防、外交的重要事项进行审议。同时,还设有由国家公安委员会委员长、国土交通大臣、总务大臣、财务大臣等内阁大臣参与的"九大臣会议",以及在发生紧急事态时,由首相根据需要召集相应内阁大臣召开的"紧急事态大臣会议"。内阁官房还下设国家安全保障局,作为国家安全保障委员会的补充机构。该局下设"综合调整部""战略策划部""情报部"等6大部门,以辅助国家安全保障委员会开展具体工作,并负责策划、信息分析及各政府部门间的协调等工作。

安倍在国家安全保障委员会成立之初,便强调要加强与美国国家安全委员会和英国国家安全委员会为中心的国外情报机构之间的合作,并将开通与美国和英国之间的"安全热线",定期举办以信息交换为主要议题的会议,加强与美英之间的情报交换和共享,此外,日本还试图与印度、澳大利亚、韩国、俄罗斯等国建立类似的热线,在安全议题上保持与这些国家的密切沟通与合作。

三、出台《国家安全保障战略》

《国家安全保障战略》是日本的首份国家安全保障战略,也是日本国家安全保障委员会成立后通过的首份重要文件,取代了1957年5月由国防会议和内阁会议通过的"国防基本方针"。该战略列出了日本面临的威胁和挑战,其中最突出的是朝鲜的"核武"计划和中国军力的快速且"不透明"扩张,并将中国在东海划设防空识别区写入其中,将其视为"日本的国家忧虑",并持续关注中国的发展动向。该战略提出首先要从整体上强化日本的防卫能力,包括完善防卫体制、如增强国土警备制度及海洋监视制度等;其次要深化日美同盟,加强日美间的安全保障与防卫合作,并不断发展与东盟、澳大利亚、俄罗斯、韩国等的战略合作关系;还提出要加强网络空间的防护及网络攻击的应对能力等。

为配合修改基于"武器出口三原则"的禁运政策,该战略还明确提出要"通过有效利用防卫装备进一步积极参与国际合作",认为国际合作研发将是日本提高防卫装备性能、解决研发费用上涨等问题的重要手段,主张"推进共同开发和生产",意在推进武器出口,扶植国防工业发展。此外,该战略还明确指示,在更广泛的层面上,日本应加强自身实力建设,以便在地区防卫方面扮演更为重要的角色。虽然《国家安全保障战略》称日本将"继续走和平国家的道路",但其实质上是妄图在亚洲地区扮演"积极的"维和角色,并不断强调与美国和澳大利亚等盟友开展更紧密的军事合作。

四、影响

日本国家安全保障委员会的成立,以及《国家安全保障战略》的出台是基于安倍政府对当前日本安全环境的认识与权衡,代表了日本今后十年内防卫政策、外交政策发展的总方针。《国家安全保障战略》强调的"积极和平主义",根本目标仍然是为了修改宪法,使日本成为所谓的"正常国家"。日本安倍政府对于中日关系不断恶化的形势,并未做出积极修复努力,反而继续挑拨中国与周边国家的关系,并尝试各种方式谋求修改宪法,以变更宪法解释的方式解禁集体自卫权,以安全形势恶劣为借口不断增加日本军费投入,强化日本的军事实力,给亚太地区的安全形势埋下巨大隐患和威胁。

专题十：日本颁布《网络安全基本法》

为应对急剧增加的网络安全威胁，全面推进网络安全政策措施的有效实施，日本《网络安全基本法》于 2014 年 11 月 12 日正式颁布。基本法由总则、网络安全战略、基本政策措施、网络安全战略本部和附则 5 部分构成，提出了网络安全基本理念，明确了国家及其他主体在网络攻击应对过程中的职能，规定了网络安全战略和其他网络安全政策措施制定过程中的基本事项，并提出将信息安全政策委员会升格为网络安全战略本部。《网络安全基本法》的颁布，为日本建立有效的网络安全推行机制提供了法律依据。

一、首次界定"网络安全"内涵

《网络安全基本法》的颁布，是日本首次以法律的形式界定"网络安全"的内涵。该法中的"网络安全"是指，防止以电磁方式记录、分发、传送或接收的信息泄露、丢失或毁坏所需的必要安全管理措施，为确保信息系统和信息通信网络的安全性和可靠性而采取的必要措施，以及妥善维护其安全状态的管理措施等。

二、确立了网络安全基本理念

《网络安全基本法》树立了日本网络安全基本理念，规定"国家、地方公共团体、关键社会基础设施运营商等各类主体在推行网络安全政策措施的过程中，必须共同协作并积极应对"。此外，还提出要通过国际合作与协调，在网络安全相关国际秩序的形成和发展过程中发挥先导性作用。

三、明确国家和其他各类主体的职能

《网络安全基本法》明确了国家和其他各类主体在应对网络安全威胁时的责任和义务,规定国家要以基本理念为准则,制定网络安全综合政策措施并付诸实施;地方公共团体要为国家分担适当职能;关键基础设施运营商、网络相关企业组织和其他企业组织、教育研究机构则要积极自主确保网络安全,并尽力配合国家或者地方公共团体落实网络安全措施;国民要加深对网络安全重要性的关注和理解,并充分应对以确保网络安全。

四、提出政府必须制定网络安全战略

《网络安全基本法》规定,为全面有效推进网络安全政策措施的实施,政府必须制定网络安全战略。网络安全战略应对以下事项作出规定,如包括网络安全政策措施的基本方针、国家行政机关确保网络安全的事项、关键基础设施运营商和相关组织团体以及地方公共团体确保网络安全的事项等。

五、明确网络安全基本政策措施

《网络安全基本法》规定,国家要采取必要的措施确保国家行政机关网络安全,促进关键社会基础设施运营商网络安全,促进民营企业和教育研究机构采取自发措施,开展多主体合作,打击犯罪并防止危害的扩大,振兴网络安全产业和提升国际竞争力,推进技术研发,确保人才培养和供给,振兴教育和普及启发,推动国际合作等。

六、提出要设立网络安全战略本部

《网络安全基本法》规定,为全面有效推进网络安全政策的实施,国

家要在内阁设立网络安全战略本部。本部由本部长、副本部长及网络安全战略本部小组成员组成。本部长作为网络安全战略本部的最高长官,由内阁官房长官担任。

本部将掌管以下事务:制定和实施网络安全战略方案;制定国家行政机关和独立行政法人的网络安全对策标准,对基于该标准制定的对策进行评估(包括监管审计)并推进相关对策的实施;评估(含调查)国家行政机关发生网络安全重大事件时的对策。除以上三项外,本部还将负责对网络安全政策措施中的重要计划进行调查审议,制定和评估内阁府各省厅的横向计划、相关行政机关的经费预算标准、政策实施方针,推进相关政策的实施并进行综合协调。

本部长根据评估或者相关规定,可向相关行政部门的领导提出建议,如果建议的事项被认为有必要时,本部长要依据内阁法(1946 年法律第 5 号)第六条的规定,向内阁总理大臣呈报意见说明。

相关行政机关负责人要及时向本部提供有助于本部完成相关工作的网络安全相关资料、信息及其他协助。

七、将国家信息安全中心建设和运行写入基本法

为确保本部相关事务在内阁官房内得到妥善处理,政府必须进行必要的法制修订和完善。依据基本法附则第 2 条的规定,日本国家信息安全中心将于 2016 年底前改组为"国家网络安全中心",内阁官房内将新设"内阁网络安全官"一职。《网络安全基本法》的出台,将使日本网络安全建设走上法制化道路,其网络安全推进机制也将于 2015 年度开始逐渐完善。

专题十一：印度评估本国国防创新系统及国防创新效果

2014年1月,印度国防研究与分析所发布了《印度国防创新》报告,对印度国防创新机制进行了深度研究,并以印度国防创新主体——国防研究与发展组织(DRDO)和国防企业为重点,分析了印度国防创新效果及面临的挑战。

一、国防创新的主体

该报告指出,印度有两大国防创新主体(图4),一是"几乎可代表整个印度国防研究与开发"的国防研究与发展组织,二是"各类武器装备生产商",即国防企业。

国防研究与发展组织主要负责为印度武装部队设计和开发先进武器系统,由52个实验室和研究机构组成。截至2013年底,国防研究与发展组织共有工作人员2.7万人,其中包括7000余名科学家和工程师,以及1万余名技术人员。涉及航空、装备、战车与工程、电子与计算机科学、材料、导弹与战略系统、微电子和器件、海军研究与发展,以及生命科学9大国防领域。过去三年,由该组织设计的36种武器系统/模块已装备武装部队,包括导弹系统、雷达、电子战系统、战车、无人机、机器人系统,以及潜艇逃生单元等。

国防企业主要负责生产各类武器装备,是印度国防创新系统的重要组成部分之一,主要包括国防部国防生产局负责管理的9家国防国有企业(DPSU)和39家兵工厂,以及少量私营企业。其中,印度斯坦航空有限公司、巴拉特电子有限公司等国有企业最具创新能力,在雷达、传感器、通信、电子战、光电等领域优势明显。与国防国有企业相比,印度兵工厂所从事的技术研发相对低端,但其同样也是印度国防生产创新主体。39 家兵工厂共有从业人员近 10 万人,其产品种类繁多,涉及战车、反坦克炮、高射炮、野战炮、迫击炮、小型武器、炸弹、火箭弹等多个类别。

2001 年印度政府放开国防生产,越来越多的私营企业开始为国有企业提供零部件及原材料,成为印度国防生产领域的新成员。按照印度《工业开发与管理法案》的规定,印度私营企业从事武器装备生产须获得政府颁发的生产许可证。截至 2011 年 10 月,已有 100 多家私营实体获得政府颁发的许可证。这些企业中有 34 家已经投产,其中部分企业已从国防部获得订单。

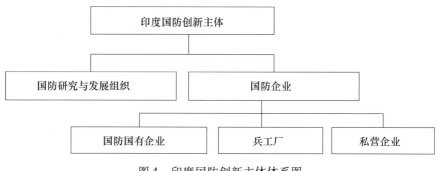

图 4　印度国防创新主体体系图

二、国防创新效果及影响因素

该报告分析指出,印度国防创新效果总体不佳,武装部队所需武器装备仍大量依赖进口。其主要原因是受顶层创新组织机构缺乏、研发投入力度不够、国防企业研发投资意识不强、人才基础薄弱,以及国防创新实体缺乏改革等多个因素的综合影响。

其中,缺乏负责创新的顶层组织机构是印度国防创新系统最为薄弱之处。该报告认为,这一机构应主要负责制定印度的创新政策目标,为用户、研发与生产机构搭建公共平台,还要负责审查项目生存能力,并监督项目进展及实施问责等。这种机构的缺乏,将导致印度的决策缺乏系统性,造成一定程度的重复建设和资源浪费,无法实现预期效果。

此外,该报告还认为影响印度国防创新能力另一重要因素是其薄弱的人力资源基础。报告指出,印度从事科学研究的人员数量较少,且水平偏低,这一点对于处在印度国防创新系统核心位置的印度研究与发展组织而言尤为明显,该组织仅有 7000 多名科学家。此外,国防研究与发展组织,以及国有国防企业等国防创新主体缺乏改革也是抑制印度国防创新效果的因素之一。

专题十二：英国简氏防务集团公布 2013 年全球国防开支报告

2014 年 2 月,简氏防务集团公布关于 2013 年全球国防开支情况的分析与预测的报告,对世界上 77 个国家 2013 年国防开支总额及其变化情况进行了分析与研究。该报告公布的数据显示,截至 2013 年底,全球 77 个国家的国防开支总额达到 1.53 万亿美元,与 2009 年创造的 1.64 万亿美元的历史最高记录相比减少了 1100 亿美元。

一、2013 年全球国防开支的特点

该报告认为,一方面,朝鲜半岛、叙利亚局势一度紧张,使部分国家认识到仍需进一步增加国防开支,以保持适当的军力;另一方面,受全球性经济不景气的影响,以美国为代表的部分国家不得不削减国防开支,压缩国防经费。在多种因素的共同作用下,2013 年,全球国防开支相对稳定,并呈现出以下特点:

一是各地区情况不尽相同,国防开支有增有减。报告数据显示,在世界 8 大地区,即亚洲、东欧、西欧、北美、南美、中东和北非、大洋洲,以及中南非地区中,北美(主要是美国)和西欧国家普遍压缩了国防开支,削减了国防预算,而亚洲、中东和北非地区部分国家的国防预算则出现了增长态势。其中,美国国防开支虽有下滑,但仍是北美地区国防开支最高的国家;亚洲国家 2013 年国防预算较 2012 年平均增长 3.4%;中东和北非国家的平均增长幅度超过 10%,这一地区最大的国防开支国是沙特阿拉伯和以色列;中非、南非国家开始重新增加在国防

领域的预算投入,2013 年的平均增幅达到 18%。

二是发展不均衡,国防开支区域集中度高。报告数据显示,2013 年上述 8 个地区国防开支差异较大,北美、亚洲、西欧三地区开支额占 76%。其中,北美地区仍占据着传统的老大地位。2013 年,北美国家在国防领域花费了 5974 亿美元,约占全球总额的 39%;亚洲国防开支达到了 3416 亿美元,约占 22%;西欧国家的国防开支达到 2345 亿美元,约占 15%。各地区所占比例如图 5 所示。

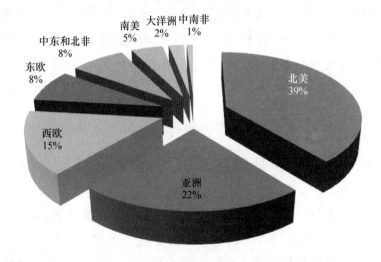

图 5　全球 8 大地区国防开支占比示意图

三是俄罗斯异军突起,其他国家排序变化不大。在 2013 年的全球国防开支中,最吸引人眼球的是俄罗斯。普京重新入主克里姆林宫后,为重塑其大国地位,强调要大力发展本国的军事力量,以保持必要的战略遏制和足够的防御能力,并称这是当前俄罗斯所面临的"重要任务"。为此,2013 年,俄罗斯的国防开支大幅增加,达到了 680 亿美元,较 2012 年增长了 25.8%,重新占据了世界国防预算第三的位置,仅排在美国(5770 亿美元)和中国(1410 亿美元)之后,如图 6 所示。

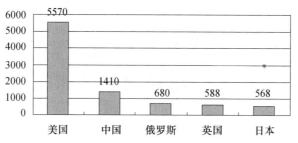

图6　排名前五的国家及其国防开支总额示意图

二、未来发展趋势

虽然近几年全球大部分国家的国防开支都曾遭受过被削减或缓慢增长的经历，但在未来几年这一趋势将明显缓解，各国国防预算将有可能逐步增加。报告数据显示，到2015年，全球国防预算的年增长幅度应保持在3.5%~4%的水平。到2019年，全球国防预算总额将超过具有标志性意义的1.64万亿美元。2024年，世界国防开支总额将达到1.8万亿美元。

同时，部分国家的国防预算还可能出现"加速"增长的情况。如，俄罗斯国家杜马国防委员会主席就曾明确表示，未来几年俄罗斯的国防预算将持续增长，要在2012年的基础上增长59%，到2015年达到970亿美元，占GDP的比例也将从2013年3.2%增至3.7%。

三、产生的影响

该报告认为，国防预算的增加，虽然可能会给局部地区带来不稳定的因素，但总体来说对各国都将产生积极影响，主要体现在三个方面：一是将加快各国军队现代化建设步伐，对地区的军事和政治稳定产生积极影响；二是增加的国防开支将主要用于购买武器和军事技术研发，增加的国防订单将为各国的国防企业带来更多的经济效益；三是各国可以综合考虑出口管制等因素，提前就国际军贸活动进行规划。

专题十三：瑞典智库发布报告对 2013 年 国际武器转让趋势进行分析

2014 年 3 月，斯德哥尔摩国际和平研究所（SIPRI）发布了《2013 年国际武器转让趋势》报告。报告指出，2009—2013 年，世界主要武器转让总量比 2004—2008 年增长了 14%。从国家维度看，世界前五大主要武器出口国分别为美国、俄罗斯、德国、中国和法国，前五大进口国分别为印度、中国、巴基斯坦、阿联酋和沙特阿拉伯。从地区角度看，这一期间出口至非洲、美洲、亚洲和大洋洲地区的武器量显著增长，出口至欧洲地区的武器量明显下降，出口至中东地区的武器量变化不大。

一、美、俄、德、法武器出口情况

2009—2013 年，美国、俄罗斯、德国、中国和法国这五大主要武器出口国的武器出口量占世界武器出口总量的 74%。其中，仅美、俄两国就占据了出口总量的 56%；中国替代法国成为世界第四大武器出口国。

美国的武器出口量比 2004—2008 年增长了 11%。主要出口对象是亚洲和大洋洲地区（约占美国武器出口总量的 47%），其次是中东和欧洲地区，分别占其武器出口总量的 28% 和 16%。

俄罗斯 2009—2013 年武器出口量比 2004—2008 年增长了 28%。其中，65% 的武器出口至亚洲和大洋洲地区，14% 出口至非洲地区，10% 至中东地区。

德国仍然是世界第三大主要武器出口国，但其武器出口量比

2004—2008 年下降了 24% ,主要出口至欧洲国家,约占德国武器出口总量的 32% 。

法国武器出口量排名降至世界第五,其武器出口量比 2004—2008 年下降了 30% 。法国向亚洲地区和大洋洲地区的武器出口量约占其武器出口总量的 42% ,向欧洲其他国家的出口量约占 19% ,向非洲地区的出口量约占 15% ,向中东地区和美洲地区的出口量分别约占 12% 和 11% 。

二、印度成为最大的武器进口国

报告对 2009—2013 年间 152 个主要武器进口国进行了统计与分析。五大武器进口国的武器进口量约占世界武器进口总量的 32% 。其中,印度武器进口量比 2004—2008 年增长了 111% ,仍是世界最大的武器进口国,其武器进口量占世界武器进口总量的 14% ,进口量约是巴基斯坦的 3 倍。印度进口武器装备有 75% 来自俄罗斯,7% 来自美国,6% 来自以色列。特别是印度大幅投资空中打击能力,从俄罗斯进口 90 架苏 – 30MKI 战斗机,以及 27 架米格 – 29K 战斗机。

三、各地区武器进口量的变化情况

报告指出,从地区角度看,非洲、美洲、亚洲和大洋洲地区国家2009—2013 年期间的武器进口量比 2004—2008 年分别增长了 53% 、10% 和 34% 。非洲地区最大的 3 个进口国家分别是阿尔及利亚、摩洛哥和苏丹;美国仍是美洲地区最大的主要武器进口国,亚洲地区前三大武器进口国分别是印度、中国和巴基斯坦。

欧洲地区国家 2009—2013 年期间的武器进口量比 2004—2008 年下降了 25% 。英国是欧洲地区最大的主要武器进口国,约占这一地区武器进口总量的 12% 。

中东地区 2009—2013 年期间的武器装备进口量变化不大,仅比 2004—2008 年上升了 3%。其中约有 22% 出口至阿联酋,20% 出口至沙特阿拉伯,另有 15% 出口至土耳其。

专题十四：2014 年世界军事电子装备与技术发展综述

2014 年,各军事强国积极发展态势感知系统、大力建设卫星导航系统、加快研发网络空间攻防技术,在激光通信、云计算、导航定位等领域实现了多项技术突破。

一、升级指挥控制系统,增强部队协同作战能力

美军 2014 年加紧指控系统升级。5 月,DISA 启动新一轮联合全球指挥控制系统的现代化改造工作。硬件方面,服务器 CPU 运算速率提升至更高的吉赫兹级别;软件方面,自适应规划执行软件替换原有协同式部队分析、后勤运输软件,提升规划的综合性与协同性。此次升级改造还将重点提高态势感知能力,同时注重部队防护、指挥控制和情报支持。

日本为强化冲绳附近诸岛的防卫力量,2014 年年初启动对最新型直升机航母"出云"号的改造工作,在其内部设置指挥中心。自卫队还将以此为基础构建战术通信系统,共享水陆两栖夺岛部队、运输补给和空中支援等信息,增强协同作战指挥能力。

二、发展新型通信系统,满足作战实时传输需要

未来作战对通信实时性要求越来越高,因此大容量、高保密通信系统一直是外军近年来发展的重点。

（一）星地激光通信实用化水平进一步提高

2014 年 6 月,美国国家航空航天局利用国际空间站搭载的"激光

通信科学光学有效载荷"成功向地面传输了 175Mb 的视频,最高传输速率高达 50Mb/s,传输时间由 10min 缩短至 3.5s。与此同时,DISA 与美国激光通信公司联合启动"星地混合全光学网络通信技术"研发项目,共同推动激光通信卫星系统军事应用。预计 2020 年前,美国将建成首个卫星激光通信系统。

(二)"五代到四代"战斗机间战术通信能力得以实现

为实现五代战斗机隐身状态下与四代战斗机通信,美国空军启动了"联合攻击战斗机一体化终端""自由 550"和"密苏里"等项目。

2013 年底至 2014 年 4 月,美国空军通过"联合攻击战斗机一体化终端"和"自由 550"系统实现了 F - 35 多功能先进数据链、F - 22 机间数据链同时和四代机 Link16 数据链建立通信连接,随后通过"密苏里"项目实现了五代机与四代机的互联互通。自此,美国空军解决了"五代到四代"战斗机进行通信的关键性技术难题,未来将大幅提升多型战斗机协同作战能力。

三、推动云计算战场应用,改善情报共享效率

云计算已成为目前提高信息系统效率、加快情报处理、缩短决策时间的关键技术。目前,美军正积极应用云计算至前线战场。

2014 年 4 月,美军启动"刹车线"项目,研发基于云计算的新型软件,以实现离散情报共享和多源信息筛选融合,增强无人机态势感知能力。该项目横跨通信、情报、图像处理、无人机等领域,将打破传统情报搜集处理模式,进一步有效融合多源信息,缩短情报获取时间,提升获取情报的精确性。

2014 年 8 月,美国海军投资 1230 万美元启动"海军战术云"项目,旨在实现前线作战单位通过云计算环境共享海量态势感知信息。该项目将开发基于云计算的指挥控制应用软件,增强远征作战规划、实施能

力。同时,美国海军还启动了开发基于大数据技术的"海军战术云检索实施"系统软件平台,配合"海军战术云",完成海量信息向有效情报的实时转化。"海军战术云"项目将重点关注云计算在两栖作战中的应用,为舰船、海军陆战队和特种作战部队提供支撑。

四、完善预警侦察系统,提升态势感知能力

2014年,预警侦察系统的探测精度、持续监视、快速响应能力显著提升。

(一)战略预警装备性能不断提升

2014年6月,美国空军正式启动"空间篱笆"系统研制。与"电子篱笆"相比,其可探测最小空间目标体积由直径30cm降低为直径5cm;可监视空间目标数目增加了9倍,达到20万个。与此同时,俄罗斯空天防御部队启动"窗口"空间监视系统国家试验。目前,该系统已完成所有测试,正式进入战斗值班状态。7月,美国空军发射两颗"地球同步轨道空间态势感知"卫星,加强对地球同步轨道目标的监视。10月,俄罗斯新一代导弹预警卫星系统——"统一空间系统"完成地面制造,首颗卫星将于2015年发射。

(二)日本增强海域监视能力

2014年5月和8月,日本成功发射分辨率达3m的"先进陆地观测卫星"雷达成像卫星,以及500kg重量级新型光学成像卫星ASNARO - 1卫星。这两颗先进新型成像卫星有效增强了日本军用"情报收集卫星"系统能力,使其对周边海域全面侦察一次的周期缩短为24h。

五、卫星导航系统全球竞争格局凸显,不依赖卫星的导航定位技术不断突破

导航系统是当前获取战场时空信息的关键手段。世界主要军事国

家和地区除重点发展卫星导航系统外,还积极发展不依赖卫星的导航定位技术。

（一）天基导航定位系统建设持续推进

美国继续推进 GPS 现代化计划,2014 年新增 4 颗 GPS ⅡF 卫星入轨运行,使在轨卫星数量达到 35 颗。俄罗斯为缩小与 GPS 之间的差距,2014 年新发射 2 颗 GLONASS－M 卫星对星座进行补充更新,使在轨卫星数量达到 30 颗。

与此同时,欧洲"伽利略"卫星导航系统建设工作取得新进展。年初,"伽利略"卫星完成在轨验证任务,得以验证多方性能。8 月,首批两颗具有全面运行能力的"伽利略"卫星发射升空。预计,2015 年"伽利略"开始提供初始导航定位服务。

印度区域卫星导航系统(IRNSS)进展顺利。4 月,第二颗 IRNSS 卫星发射成功。目前,印度境内已经建成 15 个地面站,负责导航参数生成和传输、卫星控制、卫星测距与监视等。预计,整个系统将在 2015—2016 年间完成部署,进一步提升印度国防综合实力。

（二）不依赖卫星的导航定位技术取得突破

2014 年初,英国国防科学与技术实验室(DSTL)宣布研制成功"量子罗盘"导航系统样机,并计划 2015 年 9 月进行陆上试验。"量子罗盘"导航系统采用超冷原子加速计,不受环境限制,理论导航精度千倍于 GPS。目前,DSTL 正致力于该设备的小型化,以及适用范围的扩大化。据悉,该系统有望颠覆传统手段,取代 GPS 等导航系统,预计 3~5年时间内完成研发。

美国 DARPA 启动的一系列不依赖卫星的导航定位技术也在 2014年取得重要进展。定位、导航与授时微项目接近实用水平,已制造出包括 6 坐标惯性测量装置(3 个陀螺仪和 3 个加速计)和高精度主时钟的微型导航系统样机。"自适应导航系统"开发了以冷原子干涉陀螺仪和

精确时钟为核心的导航系统,以及可适应多种平台的"即插即用"PNT
传感器结构与算法,利用多种非导航电磁信号为 PNT 系统提供多种额
外参考信息。"量子辅助传感与读出"项目已研制出 50 亿年内授时误
差小于 1s 的光原子钟。

六、升级换代电子战系统,提高电子对抗软硬杀伤能力

为推动电子战系统发展,2014 年美国发布新版《电子战政策》,正
式授权美国战略司令部牵头负责电子战任务领域,弥补电子战管理方
面的不足,推进电子战跨域、跨部门协同。其他军事大国与军事组织也
非常重视电子战系统升级。美军研发的新型电子战装备即将列装。

(一)多方积极升级电子战系统

电子战系统是适应现代战争日益复杂的电磁环境、联合作战、系统
对抗、体系对抗所不可或缺的武器装备,军事大国与军事组织都非常重
视,积极推进其升级换代。2014 年初,美国海军完成水面电子战改进
项目 Block 2 开放式体系结构性能测试,实现多种情况下作战目标的精
准判断。4 月,俄罗斯宣布,其新一代战斗机 T - 50 将安装"喜马拉雅"
新型电子战系统。7 月,美国海军开始接收 ALQ - 214(V)4/5 下一代
电子战自我防护系统。同月,北约决定重启因资金问题长期拖延的"电
子战性能组件"项目,更新其电子战装备。

(二)新型电子战装备建设加快步伐

美军一直致力于研发新型电子战装备,以确保其信息作战优势。
2014 年初,美国海军启动下一代电子战项目,重点研发无线电频率毫
米波电子战子系统原型机、可覆盖 3 ~ 300MHz 频段的紧凑高效电子战
天线、W 波段毫米波高功率信号发射机。

2014年9月,美国空军表示反电子设备先进高功率微波导弹(简称CHAMP弹)将于2016年具备初始作战能力。CHAMP弹是美军针对搭载高功率微波载荷而设计的导弹,目前已完成两次飞行试验,实现对7个预设目标内电子系统的摧毁。按照计划,CHAMP弹再进行一次作战飞行试验,即可在作战中予以使用。

七、构建高可信度、高自动化网络测评环境,有效支撑攻防装备技术发展需求

网络攻防装备技术研发对基础设施要求越来越高,通用化、高可信度、高自动化网络测评环境成为关键。

(一)网络靶场取得重大进展

2014年5月,美国陆军选定洛马公司负责国家网络靶场,正式启动靶场试运营。该靶场在顶层设计、试验语言、试验工具和对抗性试验方法等领域实现了全面的技术创新,突破了大规模网络仿真环境构建技术、试验自动化管理技术等20余项关键技术,软件代码量达5亿行。自此,美军已基本完成网络空间体系化测评环境建设,初步形成分布式、通用化、高可信度和高自动化的网络空间测评能力,可为网络理论、技术和装备发展提供关键支撑。

(二)网络攻防装备技术加速发展

2014年,DARPA"主动认证"项目完成军用计算机用户身份合法性的"主动认证"技术开发,实现实时主动检测。该项目下一步重点是研发移动设备的"主动认证"技术,继续完善网络空间用户身份认证体系。与此同时,美国空军启动网络空间防御系统、网络空间防御分析系统、网络安全漏洞评估系统、网络指挥控制任务系统、空军内部网络控制系统、空军网络安全和控制系统六大网络武器系统建设计划,欲全方

位增强其网络空间作战域的防御水平。

此外,据斯诺登再次曝光的资料显示,美国国家安全局(NSA)已开展了49个项目,推进全球网络空间监控技术成体系发展,重点研发防火墙、计算机设备、智能手机和其他外围设备的监控技术。同时,NSA还与英国情报机构政府通信总部联合启动"藏宝图"计划,绘制"全球互联网地图",直接进入任一接入互联网的终端(如计算机、智能手机和平板电脑等),以实时获取目标信息。

总的来看,2014年,各项新技术的使用推动着电子信息装备朝着快速高效、可靠灵活等方向加速发展。同时先进电子信息装备又极大地提升了世界军事强国的网络空间攻防能力、实时通信能力、态势感知能力,以及定位、导航与授时能力,必将在军事斗争中扮演越来越重要的角色。

国防电子工业篇

专题一：欧盟明确 2020 年前微/纳电子工业发展思路

2013 年 5 月,欧盟发布《欧盟微/纳电子器件和系统战略》,计划在 2013—2020 年间投入 1000 亿欧元,以保持欧洲在微/纳电子设计和制造方面的领先地位,带动欧洲经济的发展。10 月,欧盟成立电子领导人小组。2014 年 2 月和 6 月,该小组推出战略路线图和实施方案,提出"一个目标、两大重点和四项举措",明确欧盟微/纳电子工业发展思路。

一、一个目标:欧盟半导体产值的世界占比提升一倍

当前,集成电路特征尺寸已进入纳米尺度,量子效应开始发挥作用,三栅晶体管、石墨烯等新型纳米材料器件,以及 450mm 晶圆和下一代光刻技术等微/纳制造工艺不断涌现,微/纳电子取代微电子成为信息技术的主体,推动电子信息设备继续向小型、低功耗、高集成度和超快信息传输方向发展,在保障国家经济发展和国防安全中扮演着越来越重要的角色。

欧盟微/纳电子工业自 21 世纪以来呈现衰退态势,半导体产业的产值在世界占比也从 20 世纪 90 年代的 15% 降为目前的 9%,晶圆年产量也自 2005 年起逐年减少。因此,欧盟将扭转半导体产业颓势设为微/纳电子工业首要发展目标,即在 2020 年前将欧盟半导体产业产值的世界占比提高一倍,由 9% 提升至 2020 年的 18%,年产值由 270 亿美元增长为 720 亿美元(2020 年世界半导体市场总产值预计将达 4000 亿美元)。

二、两大重点:增加下游市场需求、巩固上游基础实力

保持传统优势市场,开拓新兴应用。欧盟将半导体产业链下游的应用市场分为汽车、能源和工业自动化等传统优势领域,以及物联网、智慧城市和移动互联网等新兴高增长领域,大力研究这些领域所用器件技术,如绝缘体上硅、氮化镓、低功耗数字电路、高密度封装、非易失性存储器、有机半导体和光电集成等器件。

巩固材料和设备优势,提升器件产能。处于半导体产业链上游的材料和设备领域是欧洲重要的全球核心竞争力之一,其产值的世界占比高达20%,如全球绝大多数研制下一代光刻设备的公司均分布在欧洲。未来,该领域仍将是欧盟的发展重点。同时,欧盟将以晶圆月产量每两年增加7万片(直至达到25万片[①])为发展目标,同时为晶圆生产能力从300mm向450mm的更新换代做好准备。

三、四项举措:统一调配资金、强化区域创新能力、扶持专业型企业、研发门槛性技术

面对微/纳电子技术发展所面临的巨大研发难度和巨额资金投入,欧盟立足现有基础,提出如下发展措施:

加强资金面合作,保证资金投入量和使用效率。由于发展微/纳电子工业所需资金量将超过数百亿欧元,仅建设月产25万片晶圆生产线的费用就将超过100亿欧元,为此,欧盟将加强对资金的统一管理和使用:以对欧盟整体起关键作用的重要技术为出发点,如物联网和移动互联网等领域用微/纳电子器件,通过设立欧盟层面的技术发展倡议,实现欧盟、成员国和私人投资的统一调配和使用。在生产能力建设上,欧

---

① 以直径为300mm的晶圆计算。

盟将首先采取多个器件设计方共同投资和使用一个代工厂的方式,实现对现有生产设施的充分利用和升级。其次是根据需求,适时投资,建立可满足多种需求、提供多种技术的跨平台生产能力。

提升科研中心和产业集群实力,强化区域创新能力。欧盟依托欧洲世界级科研中心,在微/纳器件设计、工艺制造等方面推进国际合作。以比利时微电子研究中心、法国电子信息技术研究所、德国弗朗霍夫研究所、芬兰国家技术研究中心、爱尔兰廷德尔国家研究院作为微/纳电子的创新核心,通过资金支持、政策倾斜和加强基建等措施,推动这些中心在各自领域继续保持或达到世界顶尖的研发能力,成为欧盟创新的引擎和源泉。此外,还将加强欧洲三大世界级电子产业集群区域(德国的德累斯顿、荷兰的埃因霍温和比利时的鲁汶、法国的格勒诺布尔)建设,促进它们与欧洲其他集群区域(如英国的剑桥、爱尔兰的都柏林)的合作,推进产业化进程。

扶持专业型企业,培育新的全球竞争力。欧洲大型微/纳电子企业仅有意法半导体、英飞凌和恩智浦三家,更多的实力体现在专业型中小企业。这些企业长期专注于某一技术领域的发展,如材料、设备等,具备世界一流水平并占据大部分市场份额,如生产光刻设备的荷兰艾斯莫尔公司,生产绝缘体上硅和氮化镓晶圆等材料的法国索泰公司,以及开发移动互联网用微处理器的英国 ARM 公司等。欧盟将重点扶持这些专业企业,以形成新的全球竞争力。具体措施包括资金投入、促进其与欧洲大型科研中心和企业合作、利用欧洲现有制造能力,以及加快成果转化等。

研发门槛性技术,实现跨越式发展。由于石墨烯极有可能在 5 nm及以下特征尺寸替代硅成为下一代器件的基础,以及作为下一代晶圆尺寸的 450 mm 晶圆生产工艺将带动整个微/纳电子工业的更新换代,欧盟将这两项技术视为微/纳电子的门槛性技术。2013 年,欧盟启动了"石墨烯旗舰技术"项目,计划在未来 10 年投入 10 亿欧元发展石墨烯材料和器件技术。同时,欧盟依托在设备制造领域良好的基础,设立

450mm 晶圆设备和生产工艺研发项目,并加强欧洲企业与美、韩 450mm 生产工艺研究联盟间的合作。

四、特点分析

欧盟在微/纳电子战略和路线图的制定和实施中体现出以下特点:一是选择欧盟地区十大半导体设计和生产公司、设备和原材料供应商,以及欧洲三大技术研发中心负责人组成电子领导人小组,提高产业界的参与度和积极性,同时保证实施方案具有良好的可行性;二是强化从企业到国家再到欧盟整体、从资金到技术再到产业等的多层次合作;三是明确产值目标,重视从基础材料和设备、器件技术到整机的全产业链联动发展,确保产业能力的整体提升;四是力保欧洲光刻制造、材料和设备等传统优势领域持续领先,积极推动 450mm 晶圆生产工艺、石墨烯等新技术发展;五是充分发挥科研中心和产业集群的优势,抢占微/纳电子发展先机。

专题二：美国 2015 财年国防电子预算规模保持稳定

2014 年 3 月，美国国防部公布了 2015 财年预算申请。根据预算申请报告，美国 2015 财年国防预算申请共计 4956 亿美元，相比 2014 财年减少了 4 亿美元。其中，研发与采购预算申请共计 1539 亿美元，与 2014 财年的 1552 亿美元相比下降了 0.84%。鉴于国防电子装备与技术的重要地位日益凸显，美国虽面临持续紧缩的预算环境，却仍为 C^4I 系统、电子战系统等领域的发展提供大量经费支持。此外，从 2015 财年美国总统预算补充文件，以及美国发布的国防预算相关备忘录中也可以看出，美国在国防电子领域的研发与采购预算规模相对稳定。

一、C^4I 系统研发与采购预算申请同比增长

美国国防部 2015 财年预算申请报告分别列出了美国国防部在飞机及相关系统、C^4I 系统、地面系统、导弹防御系统、弹药、舰船系统、空间系统等武器装备的研发与采购预算。其中，仅 C^4I 系统预算有所增长，由 2014 财年的 62 亿美元增长到 2015 财年的 66 亿美元，而其余各装备领域均有所下降。例如，飞机及相关系统 2015 财年研发与采购预算申请同比下降了 24 亿美元，地面系统下降了 11 亿美元，舰船系统下降了 10 亿美元。

二、重视电子战基础科研投入

在现代化战争中，电子战装备与系统的作用越来越突出，美国高度

重视并积极投资研发新型电子战系统与技术。2015 财年,美国在电子战领域的科学与技术(包括基础研究、应用研究、先期技术开发)预算申请额约占国防科技预算总额(约 115 亿美元)的 5%,即用于开发先进电子战系统的投资金额约 5 亿美元。美国国防部分管研究与工程的助理国防部长艾伦·谢弗表示,美国必须积极投资研发电子战系统,以应对潜在对手电子战能力的提升。

三、网络与信息技术研发预算申请同比变化不大

2014 年 3 月,美国国家科学技术委员会(NSTC)网络与信息技术研究和开发分委员会发布了新版《网络与信息技术研究与开发计划——对 2015 财年总统预算的补充》(简称《计划》)。《计划》指出,2015 财年美国在网络与信息技术领域的研发预算申请为 38 亿美元,与 2014 财年的 39 亿美元相比变化不大。其中,国防部 2015 财年在这一领域的研发预算申请共计 10.98 亿美元,用于重点投资保障网络安全与信息保证、高端计算研究与开发,以及人机交互和信息管理等领域的研发活动。

四、将信息技术与高性能计算作为优先投资保障领域之一

2014 年 7 月,美国白宫科技政策办公室发布了一份给联邦行政部门和机构负责人的备忘录——《2016 财年预算中的科技优先领域》,将"信息技术和高性能计算"列为联邦各部门和机构制定 2016 财年预算时要优先考虑并给予优先资金保障的重点科技领域[①]之一。具体而言,一是保障大数据研发投入,以应对大数据扩张而带来的各种机遇

---

① 重点科技领域主要包括先进制造、清洁能源、对地观测、全球气候变化、信息技术和高性能计算、"生命科学、生物学和神经科学的创新"、国家和国土安全等。

与挑战,从而促进进一步的科学发现与创新,同时也为个人信息提供适当的隐私保护;二是保障能够保护美国系统免受网络攻击的相关技术研发投入;三是保障能够更高效利用频谱和网络实物系统的相关技术投入。

专题三：美欧电子业务相关的企业重组并购与合作十分活跃

2014年11月,美国射频微器件公司(RFMD)和三五半导体公司(TriQuint)宣布将完成合并,成立新的Qorvo公司,强化为国防及航空航天领域提供所需产品的能力。

2014年,美欧等主要国家和地区的国防预算继续削减,各大国防承包商面临着十分严峻的挑战。为此,各大国防企业纷纷通过业务重组、并购新业务或开展国内外合作等方式,维持市场地位,提高运营效率和盈利能力。近年来,随着云计算、大数据、网络、电子战等领域的快速发展,美欧国防企业围绕这些领域开展的重组并购与合作活动十分频繁。

一、多家国防企业进行内部业务调整以优化效率

2014年,面对预算环境及客户需求的变化,美欧多家大型国防企业都进行了内部业务重组,旨在提高运营效率,确保公司在防务市场的竞争力。重组后的国防企业更加关注军事电子等核心业务发展。例如,2014年2月,美国雷神公司宣布组建电子战系统任务部,致力于研制下一代干扰机、电子战自我防御系统、电子战通信系统、先进电子战项目、空中信息战及重要电子战驱逐装备。这一新部门将整合雷神公司电子战研制力量,显著提升雷神公司电子战解决方案提供能力。2014年3月,美国L-3通信公司宣布将其内部业务重组为四个主要业务部门,分别为航空航天系统分部、电子系统分部、通信系统分部,以及国家安全解决方案分部,以提高公司的生产力、灵活性和竞争力,提升公司向

客户交付创新型和具有成本效益的解决方案的能力。此外,2014 年 2 月,德国莱茵金属公司将其电子解决方案分部重组为任务装备业务单元、防空与海战系统业务单元、技术文档业务单元、仿真与训练单元,以系统地改善现有产品,同时扩大产品范围。

二、多家国防企业进行新业务收购以提升相应能力

2014 年,美欧等多家国防企业在大数据、云计算、网络安全和电子战等领域的并购活动十分活跃。通过并购,传统国防企业可以迅速提升相应能力,巩固领导地位。例如,2014 年 3 月,美国 L‐3 通信公司收购数据策略公司以提升大数据分析和云计算能力。数据策略公司是美国国防部大数据分析和云计算解决方案领域的专业供应商,收购活动将直接赋予 L‐3 通信公司在大数据分析方面的一些关键能力,增强国家安全解决方案业务,扩大市场份额。2014 年 10 月,英国 BAE 系统公司宣布以 2.33 亿美元收购美国商用网络安全供应商 SilverSky 公司,进一步扩大其网络业务。2014 年 10 月,芬梅卡尼卡集团塞莱克斯 ES 公司完成对加拿大战术技术(TTI)公司的收购。TTI 公司是备受世界各地客户推崇的电子战分析软件和服务独立提供商,以其战术对抗仿真软件(TESS)系列产品而著名。TTI 提供的这些能力将进一步增强公司为国际客户提供电子战的能力,加速其电子战产品的开发,提升新产品应对新型威胁的有效性。

三、多家国防企业积极开展跨国业务合作谋求共同发展

2014 年,美欧多家国防企业积极扩展跨国业务合作,旨在各取所长,充分利用各自的优势,谋求共同发展。2014 年 3 月,洛马公司与澳大利亚国防科学与技术组织(ICT)签署了一项战略协议,在国防与国家安全技术方面开展合作。在该协议框架下,两者将在"宙斯盾"作战系

统、超视距雷达、高超声速和作战分析等方面开展联合研究。同年9月，洛马公司宣布与澳大利亚地方政府合作，投资800万美元在澳大利亚建立亚太信息与通信技术工程中心。2014年3月，诺格公司与澳大利亚国防科学与技术组织签署战略联盟协议，在C^4ISR、电子战和无人系统领域等一系列国防前沿技术领域开展合作研究。

专题四：俄罗斯国防电子企业结构重组阶段性任务即将完成

2014 年 1 月，俄罗斯主管国防工业的副总理罗戈津称，俄罗斯将组建一个专门从事指挥自动化、通信和侦察系统研制的大型国防工业集团，普京总统同意了这一建议，并签发了总统令。罗戈津明确表示，"至此，我们将完成俄罗斯国防电子领域企业的结构重组工作"。

一、俄罗斯国防电子工业发展现状

国防电子工业是俄罗斯工业体系的重要组成部分，专门从事无线电电子设备和系统、电子元器件、专用材料和装备的研发与生产，因其对现代武器装备和军事技术的发展影响巨大，长期以来一直被俄罗斯政府列为"现代工业的关键领域之一"，属"战略性行业"。

苏联解体后，伴随着整个国家国防工业的调整与改革，俄罗斯国防电子工业也一直处于不断调整变化中。由于俄政府明令禁止外国公司介入这一领域，从而导致俄厂商在该领域的优势明显好于其他领域。特别是 2008 年以后，在政府颁布的一系列有关电子工业发展的战略性文件指导下，以及近 300 亿卢布财政拨款的支持下，俄罗斯的国防电子工业取得了长足进步。据不完全统计，2011 年，仅无线电电子工业就实现产值 120 亿美元，并提供了 27.5 万个就业岗位；拥有从事军用、民用无线电电子设备、系统和仪器研制的企业 1800 余家，已成为俄罗斯经济发展的重要支柱。

二、重组的背景及方案

早在 21 世纪初，俄政府就开始着手组建一体化的大型企业集团，并将其作为重振国防工业的一项重要举措。2001 年出台的《2002—2006 年俄罗斯联邦国防工业改革与发展规划》明确提出,要对俄国防企业进行整合,最终合并成 30 ~ 40 家大型企业集团。俄罗斯政府希望通过企业间的兼并重组,形成能够在企业内部实现优势互补的大型集团公司,从而尽快提升俄国防工业的整体实力。由于涉及各方利益,这一任务在推行过程中,遇到了重重困难。到 2007 年国防工业改革规划本应结束时,组建三四十家大型企业集团的任务只完成了 20% 左右。但俄罗斯组建大型企业集团的步伐并未停止,2010 版《俄罗斯联邦军事学说》更是把"完成国防工业体制改革任务,建立和发展以大型科研生产机构为基础的一体化控股集团"列为俄罗斯国防工业未来发展的优先方向之一。普京重新入主克里姆林宫后,为应对日益复杂的国际形势,俄罗斯加快了大型企业集团的组建工作。梅德韦杰夫 2013 年表示,俄计划在 2020 年前完成新的国防工业体系建设,届时,将组建大约40 个大型科研生产企业。

此次公布的重组方案,主要涉及三方面的内容:一是将原国防部下属的联邦单一制企业"中央经济、信息技术和指挥系统科技研究所",改组为有限责任公司;二是由"中央经济、信息技术及指挥系统科技研究所""自动化设备康采恩""维加无线电工程康采恩""星座康采恩"和"指挥系统康采恩"4 家企业,组建一个专门从事指挥自动化、通信和侦察系统研制的大型控股公司;三是将新组建的控股公司的股份全部转给"俄罗斯技术"公司,组成新控股公司的 4 家企业将不再进入俄战略企业目录①。

三、重组的意义

此次企业重组,虽说只是俄国防工业调整改革过程中的一项工作,

---

① 根据俄罗斯政府有关规定,俄罗斯承担主要军工科研生产任务的企业都会被列入战略企业,并编入俄罗斯战略企业目录。

但对于俄国防电子工业来说,意义重大。主要体现在:

一是组建了一个专门从事指挥自动化、通信和侦察系统研制的大型企业集团,使俄罗斯可以更好地集中智力和生产资源,开展通信设备和系统、加密设备、指挥自动化系统、无线电电子和探测雷达的研制、服务保障、现代化改装,以及维修和再利用等工作。此次重组,将俄指控和通信领域的几个重要企业组合在一起,为下一步打造俄军事电子领域的领军企业奠定了基础。此次重组涉及的几个企业中,"自动化设备康采恩"是专门从事各类通信和加密通信系统研制的厂商;"维加无线电工程康采恩"的主要业务领域是机载、陆基和天基雷达系统,该公司是俄罗斯 A – 50 预警机的雷达系统供货商;"星座康采恩"主要负责俄军指挥、通信、电子对抗系统及专用设备和技术的研发与生产;"指挥系统康采恩"是为俄军研制指挥控制系统和装备的企业。这几个企业的能力与水平,在俄军事电子领域不容小视。

二是进一步充实了"俄罗斯技术"公司的实力。"俄罗斯技术"公司是俄罗斯专门从事民用和军用高技术产品研发与生产的大型企业集团,管理着 17 家控股公司(其中 12 家从事军品生产,5 家从事民品生产),拥有各类企业 663 家,遍布俄联邦 60 个联邦主体,产品远销世界上 70 多个国家和地区。此次将新组建的指挥自动化、通信和侦察系统公司并入该公司,进一步充实了该公司的实力,向俄打造大型企业"航母"又迈出了坚实的一步。

专题五：未来全球国防电子产品市场仍将延续增长趋势

2014年，全球多家权威市场预测公司针对 C^4ISR 市场、电子战市场、军事通信市场、光电系统市场等军事电子产品市场发布了系统预测报告。相关预测数据表明，未来10年，全球军事电子产品市场仍将延续增长趋势。

一、综合方案和互操作能力需求推动全球 C^4ISR 市场保持增长

2014年2月，美国市场研究公司 MarketsandMarkets 发布了《2014—2019年 C^4ISR 市场预测报告》。报告指出，2019年全球 C^4ISR 市场将突破930亿美元，复合年均增长率将达到2.28%。各方对综合方案和互操作能力的持续需求将成为全球 C^4ISR 市场增长的主要拉动因素，但全球国防预算的削减也将使这一市场的发展受到一定的影响。报告指出，未来五年，C^4ISR 市场发展有两个重要机遇，一是新兴市场国家对 C^4ISR 产品需求的不断增长，二是无人平台的发展也对 C^4ISR 系统产生大量需求。市场报告同时预测，2014—2019年，机载 C^4ISR 系统将成为 C^4ISR 市场的最快增长点，其市场份额将达到40%。此外，尽管美国和英国的国防预算呈下滑趋势，但美欧国家在 C^4ISR 市场中仍将占据主导地位。

二、各国加快电子战系统与技术研发推动全球电子战市场保持较快增长

2014年9月，美国 MarketsandMarkets 公司发布了《2014—2020年

全球电子战市场预测报告》。报告指出,2014—2020 年,全球电子战市场将一直保持增长趋势,复合年均增长率高达 4.5%,到 2020 年市场规模将达到 156 亿美元。报告指出,作战空间的拓展、电子频谱的使用、电子战与传统作战行动的结合,以及非对称战争、叛乱和全球恐怖主义活动的增加,均使各国积极投资电子战系统与技术,使全球电子战市场在未来一段时间内能够保持较高增长速度。

预测报告还从地区角度和电子战细分市场角度对预测期内的电子战市场进行了具体分析。从地区角度看,美国电子战系统市场规模全球最大;亚太地区电子战系统市场增长速度较快,复合年均增长率将达 3.29%;欧洲是全球第三大电子战市场。从各细分市场看,电子防护与支援系统将占据电子系统市场总额的 50.3%。其中,电子防护市场是电子战领域最大的细分市场,电子战支援系统在预测期内将获得持续投资。此外,在预测期内,电子攻击系统的投资将以 1.38% 的复合年均增长率增长。

三、技术发展和军事需求共同推动全球军用雷达市场平稳增长

2014 年 10 月,美国 MarketsandMarkets 公司发布了《2014—2024 年全球军用雷达市场预测报告》。报告指出,2014—2024 年期间,全球军用雷达市场预计将以 1.05% 的复合年均增长率增长。报告指出,有源电子扫描阵列技术、射频技术等技术发展,以及无人平台、防空网的现代化改进、边境和沿海监视计划等对雷达系统的大量需求是推动军用雷达市场发展的主要因素。

预测报告从地区角度和雷达细分市场角度对预测期内的军用雷达市场进行了具体分析。从地区角度看,北美和亚太地区的军用雷达市场约占全球市场总额的 72%,其中北美将主导全球军用雷达市场发展。从细分市场角度看,机载雷达预计将主宰军用雷达市场发展,其在军用

雷达市场中的占比将达 42.5%；舰载雷达也将以较快的速度增长，预计到 2024 年舰载雷达市场规模将达 26 亿美元；此外，报告预测，在未来一段时期内还将有更多国家进入空间雷达市场。

四、现有系统的升级和持续采购支撑全球光电系统市场增速

2014 年 10 月，美国国际预测公司发布了《陆基和海上光电系统市场》报告。报告分析认为"光电系统的经济可承受性和相对较高的生产率，使其在未来几年仍将继续发展。但其生产速度与近些年相比有所放缓，系统升级和持续采购将成为这一市场未来发展的主要驱动力"。

报告预计，到 2023 年全球在重点光电系统项目上的研发与生产投入将达到 102 亿美元。未来 10 年，全球领先的陆基与海上光电系统厂商将是 BAE 系统公司、DRS 技术公司、埃克里斯公司、诺格公司、雷神公司、泰勒斯公司，以及澳大利亚光电系统公司。特别地，在海上光电系统领域，L-3 通信公司和萨基姆防御公司将成为行业领导者，海上光电系统开发商将继续把重点从单一的防御空中打击转向对小型海上威胁目标的侦察与锁定。

专题六：美国国家制造创新网络将增设集成光电制造研究所

2014年10月3日,美国总统奥巴马宣布成立"集成光电制造研究所",在美国国防部支持下,投入至多2亿美元公私资金进行建设,加速发展光电领域的先进制造技术,推动光电工业发展和"国家光电计划"的顺利实施。

一、创建背景

"集成光电制造研究所"是奥巴马2012年提出的"国家制造创新网络"(NNMI)的一部分,也是迄今为止在NNMI框架下政府投资规模最大的研究所。NNMI旨在促进工业界、大学(包括社区学院)、地方政府、州政府和联邦政府的协作,推动美国制造创新和创新成果转化,并成立15个制造创新研究所。根据该计划,首家NNMI概念验证试点研究所——国家增材制造创新所(后更名为"美国制造")于当年8月成立。该所包括80多个公司、9所研究型大学、6个社区学院和18家非盈利机构联盟,由国家国防制造和加工中心(NCDMM)负责管理运营。联邦政府初期为NAMII投资3000万美元,另外3900万美元大部分由俄亥俄州、宾夕法尼亚州、西弗吉尼亚州的工业界和政府分摊。

美国首个"国家制造创新网络"试点研究所——国家增材制造创新所(NAMII)的组建工作在政府提议创建NNMI之初就已启动实施。新的NAMII跨部门团队认为,增材制造能为国防、能源、空间和民用领域创造极大利益,应当成为试点研究所的重点领域。NAMII的宗旨是为增材制造技术和产品提供所需的创新基础设施,缩小基础研究和增材制造产品开发之间的差距,为企业,尤其是中小企业提供共享资产,帮助其获得先进的设备和能力,创造一种教育和培训先进增材制造劳动力技能的环境。

继首个国家增材制造创新所成立之后,2013 年 5 月 9 日,美国政府宣布启动 3 家新的制造创新研究所的创建工作。这 3 家机构分别为数字制造和设计所(DMDI)、轻型金属和现代化金属制造创新所(LM3I)和清洁能源制造创新所。其中,数字制造和设计所、轻质金属和现代化金属制造创新所由美国国防部牵头成立,清洁能源制造创新所由能源部牵头成立。美国国防部、能源部、商务部、国家航空航天局和国家科学基金会为这 3 家研究所投资约 2 亿美元。

二、主要内容

2014 年 6 月,美国空军研究实验室发布有关国家制造创新网络的信息征询书,为国防部牵头成立包括"集成光电制造研究所"在内的新制造创新研究所奠定基础。信息征询书指出,美国国防部目前关注的 6 个技术领域包括柔性混合电子器件、光电子器件、工程纳米材料、纤维和纺织物、电子器件封装与可靠性、航空航天复合材料。

在美国空军研究实验室、DARPA、国家科学基金会、能源部、国家航空航天局、小企业创新研究所和其他企业资金支持下,"集成光电制造研究所"将以培育美国国内的"光电技术开发、应用生态系统"为重点,包括人才培养、复杂光子集成电路的设计、制造、测试、组装和封装的开发,以及服务于国内生产的代工厂等产业链关键环节。

集成光子制造创新生态系统是一种相互关联元素的集合,在很大程度上独立于企业和其他组织。该系统中的元素共同创建商业环境,实现集成光子设备在设计、制造、测试、组装和封装方面的创新和成本有效性。美国政府希望,集成光电制造研究所作为美国国内集成光子电路制造和设计的创新引擎,以及行业界进行产品设计、制造和支持的演示平台。该所要能够解决集成光子技术在国防部和商业应用面临的问题,关注制造成熟度在 4~7 级的技术。

"集成光电制造研究所"的目标是建立一个全国性的机构,专注于解决在集成光子制造领域面临的问题,降低和减少复杂产品高度集成设计和制造的成本和时间,构建成本有效的制造能力,减少美国中小型企业采用这些新技术面临的风险,同时,鼓励工业界、学术界和政府机构采取一种协作方式。此外,该所还确定了美国在获得具有高性能和复杂功能的集成光子器件方面的能力差距,以及为弥补这些差距所做的工作,并鼓励开展员工队伍的教育和培训。

三、重要意义

集成光子制造技术有望彻底改变互联网的网络承载能力,其信息传输的密度更大,且成本更低。除了在互联网和电信领域具有重要应用,该制造技术还可为医疗技术和人类基因组测序带来重大变革。此外,集成光子制造技术能够推动战场雷达成像的巨大进步。该所成立后将推动政府、学术界和工业界在集成光子领域的联合,支持集成光子制造企业的发展,维持强大的光电工业基础,使美国处于集成光子领域的领先地位,维持美国全球竞争地位。

专题七：美英利用 3D 打印技术联合制造新型无人机

2014 年 3 月，英国谢菲尔德大学先进制造研究中心与美国波音公司合作，针对小型无人机制造成本高、耗时长的问题，利用先进设计工具和 3D 打印技术，制造出一款新的小型无人机样机并通过首次测试。该无人机样机采用高性能复合材料 ABS – M30，使用美国斯川塔斯公司的 Fortus 900mc 3D 打印机，利用熔融沉积成形（FDM）技术，可在 24h 内完成所有机身部件的打印制造，使制造时间缩短 4/5。该样机翼展 1.5m，重量不足 2kg。

一、熔融沉积成形技术基本情况

熔融沉积成形技术是一种增材制造技术，适用于热塑性塑料直接制造。熔融沉积成形技术利用喷头将丙烯腈—丁二苯—苯乙烯塑料（ABS）、聚碳酸酯（PC）等热塑性塑料丝材加热至熔融态，在计算机系统的控制下，按一定扫描路径逐层自粘结成形。该技术由斯川塔斯公司于 1988 年发明，并于 20 世纪 90 年代推出商品化制造设备。

熔融沉积成形技术具备以下优点：一是制造材料具备一定的强度，且耐高热、抗腐蚀、抗菌和抗机械应力强，成形件的综合机械性能相对较好；二是制造材料广泛，一般的热塑性塑料经适当改性后均可使用；三是制造设备简单，设备和材料的成本相对较低；四是制造过程对环境无污染，容易制成桌面化制造设备，且成品无毒、无异味；五是制造过程中形成的结构支撑和基础支撑结构易于移除。

熔融沉积成形技术的缺点是精度不够高,不易制作精细结构,而且受制造设备所限,难以制造大型零部件。

二、3D 打印技术在无人机设计方面的优势

3D 打印技术在制造小型、便携式,且无需太多功能性模块的无人机方面具有较大优势,这些无人机往往在灾区救援、大地测绘、治安反恐、资源测探和监视中发挥着越来越重要的作用,成为美欧关注的焦点。

采用 3D 打印技术制造无人机,其设计优势主要是:一是通过 3D 打印技术,机翼结构得以改进,在普通机翼蒙皮基础上加装加强筋,结合半硬壳内部结构设计,既有助于防止制造过程中机身变形,又能分担飞行过程中的空气动力载荷,且更易于装配;二是采用翼身融合设计,每侧机翼的前后缘均可实现光滑衔接,易于进行熔融沉积成型制造;三是最终的机身设计保证了所有特征都低于临界值,使得制造过程中无需任何辅助材料;四是机身仅由 9 个部件组成,包括 2 个机翼、2 个升降副翼、2 个短翼梁、2 个尾翼刀、1 个主翼梁,所有部件通过分别连接两机翼的一对短翼梁夹在一起,同时增大了机身的刚度;五是运用计算流体动力学建模优化设计方案,评估诸如升力、阻力以及特定入射角范围内的俯仰力矩等飞行参数;六是为便于运输,机身可很容易地沿中央主翼梁分为两半。

三、3D 打印技术在无人机制造中的应用情况

目前,利用 3D 打印技术生产无人机组件的材料仍仅限于塑料,且翼展尺寸在 2m 左右,制造的无人机组件涉及天线、飞机结构部件、整流罩、光学塔台等。3D 打印技术在无人机制造中的具体应用情况如下:

（一）无人机训练用复制品

美国谢泼德空军基地飞行训练器研发部门为美国空军和国防部分支机构设计、研发和制造训练器。出于成本考虑，大部分训练器都是现有装备的复制品。飞行训练器研发部门先前采用传统制造方式制造训练器，需经过机械加工、车床、焊接、金属弯曲和切割等一系列工序，不仅费用高，而且生产周期长，效率低。

自 2004 年起，飞行训练器研发部门陆续采购了 4 台熔融沉积成形制造设备，制造无人机复制品，包括无人机的机体部件，以及整流罩、推进器和天线，用于对维修人员进行培训。

熔融沉积成形制造设备的应用有效缩短无人机训练器的制造时间。以天线为例，使用熔融沉积成形技术制造所需时间仅为传统制造的 1/10，工期可由 20 天缩短至 2 天。飞行训练器研发部门采用熔融沉积技术，2004 年至今已节约了 380 万美元。

（二）微型无人机原型及零件

2013 年，欧洲宇航防务集团子公司——"调查直升机"公司，利用美国斯川塔斯公司的增材制造设备，采用熔融沉积成形技术，以热塑性塑料为材料，制造出微型无人机原型和无人机短期用零件（光学塔台、飞机结构部件和电池仓外壳等），零件尺寸从几平方毫米到 $400cm^2$ 不等。

热塑性塑料是指具有加热软化、冷却硬化特性的塑料，主要包括 ABS、PC、聚苯硫醚砜（PPSF）、聚酰亚胺（PI）等，具有较高的强度、延展性和韧性，利用其制造的零部件硬度和耐冲击强度较高。

法国"调查直升机"公司打印无人机和短期用零件所用的热塑性塑料为 ABSplus 材料，是斯川塔斯公司 ABS 类材料中的一种，也是该公司价格最低的增材制造材料，有 9 种颜色，还可根据客户要求定制颜色。由于成本低，利于设计人员和工程师反复进行原型制作和测试。与此同时,它又具有耐用性,可使概念模型和产品原型达到与最终产品一样的性能要求。

(三)无人机原型

鉴于小型无人机在提供新的、成本有效和可靠的监测服务方面发挥着越来越重要的作用,英国南安普顿大学利用 3D 打印技术,以强 ABS 热塑性塑料为材料,制造出名为 2Seas 的无人机,配合海岸警卫队遂行长时间飞行监视任务。

2Seas 无人机翼展长 4m,拥有多个冗余的飞行控制器和双引擎,其中央翼盒、油箱和发动机螺栓采用 3D 打印技术制造而成,机翼和尾翼由碳纤维制造而成。与 SULSA 无人机仅能飞行 40min 相比,双引擎 2 Seas 无人机可以 100km/h 的速度飞行 6h。预计,2Seas 无人机将于 2015 年服役,主要用于英国、荷兰、比利时和法国的海岸警卫队执行长时间飞行监视任务。

装备与技术篇

专题一：美国开建首部新一代"空间篱笆"雷达

2014年6月，美国空军选定洛马公司为第二代"空间篱笆"空间目标监视系统的主承包商，负责在太平洋夸贾林环礁上建造首部雷达，该雷达将于2018年投入使用。

一、研制背景

空间目标监视雷达是实现空间态势实时感知能力的核心手段，也是战略预警能力的重要组成部分，仅有美、俄两国建有完整的空间目标监视体系。

（一）当前空间目标监视能力

目前，美国拥有管理大部分空间目标的能力，其编目目标达18000多个，可探测轨道低于6400km、直径大于1cm的目标，一般每天更新一次观测数据；可探测近地轨道上直径大于10cm的目标，可精确跟踪、定位中高轨道上30cm以上的目标，一般4～7天更新一次观测数据。

（二）现役空间监视网的构成

美国拥有世界上最完备的空间监视网（SSN），由地基空间探测和跟踪系统、天基空间监视系统组成，包括部署在全球的30多套雷达和光电探测设备以及通信网络和控制中心。

为了进行常规观测，美国空间监视网采用了通用型和专用型三类传感器。其中,专用型传感器包括 FPS – 85 相控阵雷达、空军空间监视系统(AFSSS)等,后者也被称为第一代"空间篱笆"系统。

(三)第一代系统监视能力不足

第一代"空间篱笆"一直是美国空间监视网的关键组成部分,建于1961 年,工作于 VHF 波段,共有 9 个站点,沿北纬 33°线部署,包括 3 个发射站和 6 个接收站。该系统可对轨道倾角约 30°~150°空间范围内的目标进行搜索,监视 30000km 高轨道、类似篮球大小的目标,并精确判定其特征、位置和运动情况。覆盖经度范围从非洲直至夏威夷,每月可提供超过 500 万次空间目标观测记录。在探测新出现的空间目标及碎片方面发挥着主导作用,对美国空间司令部编目数据库的贡献约占其总数的 60%。

不过,第一代"空间篱笆"系统对一般空间目标的重复监视间隔长达 5 天,远远不能满足美军的需求。同时,由于该系统中的深空探测雷达数量不足、性能也不高,使得美国空军对深空目标的探测能力存在很大缺陷。针对这些情况,美国空军提出研制第二代"空间篱笆"的计划。

二、基本情况

2009 年,第二代"空间篱笆"研制计划正式启动,洛马、诺格、雷神公司等三家公司参加竞标,最终洛马公司在 2014 年赢得合同。与第一代"空间篱笆"系统相比,它具有以下特点:

(一)分辨率更高

与第一代 VHF 波段系统相比,第二代"空间篱笆"系统工作在频率更高的 S 波段(约 3.5GHz)。更高的频率可提供更高的精度和分辨率,将使系统的目标跟踪能力从篮球大小提高到高尔夫球大小,这种对微卫星和碎片的探测能力是第一代系统所不具备的。

（二）采用全数字体制

与第一代采用几公里超大天线阵列相比,第二代系统采用超大型、双基地固态两维相扫雷达,发射阵面天线直径约30m,发射总功率约4MW,对$1m^2$大小的空间目标探测距离可达11000km,测角精度高于$0.019°$。此外,与传统相控阵雷达依靠移相器、衰减器和微波合成网络实现波束空间扫描不同,该雷达将采用全数字体制,发射波形产生和接收信号处理过程实现全数字化,每个通道的发射/接收波形可单独可控,波束形成快速、灵活、准确,覆盖空域更广,探测精度更高,抗干扰能力也更强。

（三）雷达站点更少

此外,第二代"空间篱笆"系统的项目总经费约35亿美元,所需雷达站点数将减少至2~3个。2014年开建的第一部雷达位于太平洋夏威夷群岛的夸贾林环礁,预计在2018年秋服役。第二部则可能部署在澳大利亚,以实现对南半球目标的覆盖,预计在2022年服役。

三、影响分析

伴随着对空间态势感知能力重视程度的提升,军事强国开始陆续建造新一代空间目标监视系统,如欧洲正在加快推进演示样机测试,俄罗斯计划在2020年前建成新一代空间目标监视体系。与此相比,美国已完成演示样机的论证、研制与测试,2014年已正式进入工程建设阶段,并将在2018年投入使用。新一代"空间篱笆"系统的建设具有重要意义。

（一）构建了更完善的美军空间目标监视体系

"空间篱笆"建成后,将成为美军新一代"空间监视网"的核心成员,与"天基空间监视系统"和"空间监视望远镜"协同使用,天地一体的实现对近地轨道到深空轨道目标的立体式监视,其中天基系统负责深空目标监视,而"空间篱笆"系统则负责中轨/近地轨道目标监视。

(二)将大幅提升对空间目标的监视能力

由于采用更高的工作频率、更先进的雷达技术,新一代"空间篱笆"系统的监视对象将包括 250～3000km 至 18500～22000km 的低/中地球轨道目标,目标数量超过 20 万个,而第一代系统定位为普查类装备,仅能探测 88% 的低轨目标,目标总数仅为新一代的十分之一。此外,第一代系统能够处理的最小目标为分米级(10cm),而新系统可跟踪的目标达到厘米级,最小可达 2cm,因此目标分辨率提高了一个量级,将日益增多的小体积的太空垃圾纳入监控范围。

(三)可协助完成弹道导弹防御任务

除了可提供强大的空间目标监视功能外,新一代"空间篱笆"系统还具备重要的战略预警能力,可及时捕获美国上空沿中低轨道飞行的弹道导弹,以精确的目标轨道、速度、方向等数据,作为反导作战体系的补充,验证反导系统获取的目标信息,从而辅助完成陆基中段反导系统和区域反导系统的决策。

专题二：美军启动 LRDR 新型远程反导识别雷达研制

2014 年 3 月，美国导弹防御局发布远程识别雷达（LRDR）的招标信息，计划从 2015 财年开始研发一部新型地基中段反导雷达，用以识别来袭弹头和导弹突防干扰诱饵，弥补当前反导体系的目标识别能力不足。

一、研制背景

在当前的陆基中段反导系统中，FBX－T 雷达、海基 X 波段（SBX）等 X 波段雷达可完成"铺路爪"系列 P 波段远程预警雷达、L 波段"丹麦眼镜蛇"雷达的任务交接，但 P、L 波段雷达工作频段低，带宽小，跟踪精度不足，分辨率难以满足反导拦截要求。

X 波段雷达的波束宽带较窄，距离分辨率较好，可实现对弹头的有效识别，但也具有明显不足。FBX－T 雷达对弹头目标的探测距离有限，主要用在前沿阵地跟踪处于上升段的导弹。SBX 雷达的天线孔径大，探测距离远，分辨率高，但该雷达主要用于测试目的，数量少（仅有1 部），雷达的扫描视场欠佳，且缺乏作战可靠性设计（如抗高空核爆电磁脉冲效应能力和双冗余电子器件等）。此外，SBX 并没有配装光纤电缆，无法提供安全的保密通信。因此，目前，SBX 雷达仅用于反导测试保障，处于有限工作状态。

为解决 X 波段雷达的能力缺位，美国曾提出多种备选方案：一是升级现有 GBR－P 雷达；二是设计类似于 Globus－Ⅱ的大型 X 波段精密跟踪识别雷达;三是采用叠加式 GBX 雷达概念以及转动式 FBX - T 雷达概念等,由于这些方案都存在诸多硬伤,并未被采纳。

二、基本情况

2014 年 3 月,美国导弹防御局发布远程识别雷达招标信息,并计划于 2015 年启动研制工作。2014 年 8 月,该局发布 LRDR 雷达招标书草案,披露了三种设计方案,分别为 S 波段单面阵雷达、S 波段双面阵雷达(单面布阵)、S 波段双面阵雷达(双面布阵)。据此推断,LRDR 的工作体制可能为固态数字有源相控阵体制,方位向可能采用机扫 + 相扫,也可能在方位/俯仰实现两维转动。

2015—2019 年,美军将为 LRDR 雷达的研究、开发、试验与鉴定投入约 6.4 亿美元。2015 财年,LRDR 雷达项目的总投资为 7950 万美元,其中 3750 万美元为雷达研制费,1300 万为雷达阵地论证费,主要用于完成雷达阵地和环境分析,并完成最终选址,使之达到集成到美国反导体系架构的建模仿真要求。此后,美军将继续加大投入,预计 2016—2019 财年的项目经费预算将分别达到 1.36 亿、1.52 亿、1.45 亿和 1.32 亿美元。据估计,LRDR 雷达将在 2020 年正式服役。

三、影响分析

LRDR 大型远程识别雷达研制工作的启动,具有多重意义。

(一)提高美军反导目标识别能力

目前,目标识别能力已成为美国反导体系中重点投资发展的四项关键技术之一,美军试图通过陆、海、空传感器,寻找可提高威胁识别能力的传感器能力增强方案,实现反导目标识别能力最大化,完善反导杀伤链,提高反导威慑力。

LRDR 雷达的工作频段最终选择在 S 波段,位于高频段的 X 波段与低频段 P、L 波段之间,折中兼顾雷达探测距离和探测精度,既解决了 FBX－T 雷达探测距离的不足,也弥补了因低频段而造成的探测精度不足问题。作为一部地基中段反导雷达,LRDR 的探测距离预计可达2000～4000km 之间,弥补当前反导体系的远程目标鉴别能力不足,并利用先进的数字阵列和宽带信号处理技术,可快速实现对多个导弹目标的捕获跟踪,基于弹头的诱饵的微动差异,真假目标的鉴别、分类、识别处理,满足应对未来饱和攻击的作战需求。

(二)提升应对东亚导弹威胁的能力

根据美国导弹防御局发布的信息,LRDR 雷达将在 2020 年前部署在阿拉斯加,雷达站初定为克里尔空军站或艾瑞克森空军基地(即部署"丹麦眼镜蛇"雷达的原谢米亚空军基地),可对来自朝鲜、俄罗斯、中国的洲际导弹提供远程预警、精密跟踪、目标识别、拦截制导和毁伤评估,提高美国本土的导弹防御能力,相应抵消进攻方的导弹威慑力。

(三)增强 SBX 雷达部署灵活性

一旦 LRDR 部署到阿拉斯加,将与海基 X 波段雷达(SBX)、FBX－T 雷达共同构成远程、中程目标鉴别能力组合。其中 FBX－T 作为前沿部署的战区反导雷达、而海基 X 波段雷达(SBX)则获得更强的部署灵活性,既可继续部署在西海岸,作为 LRDR 的补充或反导试验保障,也可重新部署至东海岸,监视来自伊朗导弹攻击,对消伊朗不断增长的导弹威胁。

专题三：美军新一代"眼镜蛇王"舰载靶场测量雷达正式服役

2014 年初，美国 T – AGM23"观察岛"号测量船正式退役。2014 年 8 月，美国空军技术应用中心（AFTAC）宣布，T – AGM25"劳伦斯"号靶场测量船在 2013 年底完成海试，并于 2014 年 3 月实现初始作战能力，这标志着该船装备的新一代"眼镜蛇王"导弹靶场测量雷达正式服役。

一、研制背景

"眼镜蛇"系列测量雷达共有 5 款，分别为陆基型"丹麦眼镜蛇"雷达、舰载型"双子星眼镜蛇""眼镜蛇鞋"和"朱迪眼镜蛇"（Cobra Judy），以及"眼镜蛇王"（Cobra King）雷达。其中，"丹麦眼镜蛇"与"双子星眼镜蛇"雷达仍在役，而"眼镜蛇王"则取代了服役 30 多年的"朱迪眼镜蛇"雷达。

"朱迪眼镜蛇"双波段雷达由雷神公司研制，安装在美国海军 T – AGM23"观察岛"号测量船，由一部 S 波段 SPQ – 11 相控阵搜索雷达和一部 X 波段单脉冲精密跟踪雷达组成，是一部驻留时间长、负责搜集外来弹道导弹数据的雷达系统。每年的作战部署时间达到 270 天。

"朱迪眼镜蛇"雷达研制时间始于 1977 年，1981 年服役。该雷达最初仅设计了 S 波段相控阵雷达，方位可旋转 270°，俯仰固定不动。平面阵天线呈八角形，直径 6.86m，高 12.2m，对 $1m^2$ 目标的探测距离约 1800km，可同时跟踪 100 个目标。

1985 年，增加 X 波段单脉冲精密跟踪雷达，安装在 S 波段雷达的前面。该雷达采用抛物面天线,直径 10m,高 15m,成像带宽 1.024GHz,距离分辨率 25cm,可精密跟踪和成像,获取敌方弹头图像信息。在有电子干扰的情况下也具有分辨多弹头的能力。对 1 m^2 目标的探测距离为 2800km。

截至 2013 年底,"朱迪眼镜蛇"雷达已服役 36 年,而其载船更是服役 60 年,其性能已无法支持特定任务。因此,美军在 21 世纪初制定了研制新型靶场测量船平台及新一代舰载测量雷达的计划,被称为"朱迪眼镜蛇替代"(CJR)计划。

二、基本情况

新型靶场测量船被命名为 T – AGM25"霍华德·O·劳伦斯"号,其舰载导弹测量雷达曾被称为"朱迪眼镜蛇替代"(CRJ)雷达,后被称为"眼镜蛇王",同样是一部 S/X 的双波段雷达系统,均采用有源相控阵体制。

2003 年,雷神公司成为"眼镜蛇王"雷达合同的主承包商,并负责研制 X 波段雷达,而 S 波段雷达则由诺格公司研制。2011 年,"眼镜蛇王"雷达开始装舰,并于 2013 年底完成海试,2014 年 8 月正式服役。研制周期约 10 年。

"眼镜蛇王"双波段雷达系统由一部 S 波段雷达、一部 X 波段,以及共用后端设备组成。其中,共用后端设备采用模块化和开放式设计,包含显示器、处理软件和设备、通信套件、气象设备等,负责承担双波段雷达的所有控制与信号处理任务。

S 波段雷达采用有源固态相控阵体制,采用与"丹麦眼镜蛇"相同的八角形阵面设计,但与后者不同的是,该雷达的安装位置高于 X 波段雷达,主要负责广域目标搜索。该雷达长 12.8m,宽 9.14m,口径约 110m^2,比"丹麦眼镜蛇"雷达的 S 波段雷达大 3 倍左右,其威力估计在 4000km 左右。

与"朱迪眼镜蛇"相比,"眼镜蛇王"雷达的最大变化来自 X 波段雷达,采用有源固态相控阵体制,可同时对多目标进行精密跟踪和成像,采用了 TPY－2 和 SBX 雷达等反导雷达的相关技术。该雷达长 8.84m,宽 14m,阵面共 96 个子阵,每个子阵排列 8 行、16 列单元,整个天线阵面共 12288 个单元,预计对 1 m^2 目标的探测距离达到 3800km,对 0.01 m^2 的弹头,雷达威力也达到 1200km。

三、影响分析

从目前掌握的信息来看,与上一代的"朱迪眼镜蛇"雷达相比,"眼镜蛇王"的正式服役具有革命性的意义。

(一) 扩大探测距离

"眼镜蛇王"的 S 波段天线口径大约是"朱迪眼镜蛇"的 3 倍,雷达探测威力从 1800km 扩展至 4000km,可在"区域拒止/反介入"战略打击范围外的第二岛链海域实施间谍测量活动,避免国际纠纷的同时,提高平台战时生存能力。两代眼镜蛇雷达任务分工如表 1 所列。

表 1　两代眼镜蛇雷达任务分工

	"朱迪眼镜蛇"	"眼镜蛇王"
工作频段	S/X	S/X
S 波段雷达	无源相控阵	有源固态相控阵
X 波段雷达	抛物面单脉冲	有源固态相控阵
安装位置	X 前 S 后	S 前 X 后
搜索任务	S 波段雷达	S 波段雷达(主要任务) X 波段雷达(次要任务)
精密跟踪	X 波段雷达	X 波段雷达(主要任务) S 波段雷达(次要任务)
S 波段雷达数据采集	同时多目标	同时多目标
X 波段雷达数据采集	顺序单目标	同时多目标

（二）大幅提升雷达性能

"眼镜蛇王"的两部雷达均采用有源相控阵体制,可靠性明显提高,降低系统的全寿命周期维护成本。X波段雷达由上一代的单脉冲体制改为相控阵后,精密跟踪的目标数量不再是单个目标,而是同时多目标;S波段雷达则由上一代的俯仰固定不动,变为两维转动,可实现全空域覆盖及运动目标的二维角度连续自动跟踪。

（三）增强雷达任务灵活性

"朱迪眼镜蛇"的搜索任务和精密跟踪任务分别由S波段和X波段雷达单独完成。"眼镜蛇王"的2部雷达安装位置与"朱迪眼镜蛇"相反,其中S波段位置更高,利于增大视距,主要任务是自动搜索、截获和跟踪目标,并辅助完成中等分辨率的精密跟踪成像数据采集。X波段雷达的主要任务则是提供宽带、高分辨率目标数据,辅助完成自动搜索、截获和跟踪。两部雷达同时具备完成搜索与跟踪任务的能力,极大增强雷达系统的任务灵活性。

此外,由于"眼镜蛇王"雷达采用先进的宽带数字信号处理技术,任务响应速度更快,工作带宽明显提高,目标的搜索、跟踪、分类能力,尤其是对导弹助推段的分离、群目标跟踪、弹头目标的识别处理能力将有大幅改善。

专题四：雷神公司研制高功率有源相控阵防空反导雷达

2013年10月，美国海军海战系统司令部与雷神公司签署价值3.857亿美元的防空反导雷达（AMDR）工程、制造与开发合同。

一、项目背景

2006年5月，美国国防部联合需求监督委员会发布《联合部队海上防空反导初始能力文件》，指出美国海军在防空作战和弹道导弹防御能力方面存在的差距。考虑到"宙斯盾"SPY系列无源相控阵雷达的潜力已接近极限，美国海军提出发展AMDR，并从2009年6月启动研发工作。AMDR是一种高功率有源相控阵雷达，能够对外大气层弹道导弹进行探测、跟踪和识别，并针对空中和海上威胁遂行区域防空和舰艇自卫任务。虽然AMDR是面向DDG-51"阿利·伯克"级 Flight III型驱逐舰研制的，但也可用于其他海军舰艇。

二、系统组成

完整的AMDR套件包括3部分：一是四阵面S波段雷达（AMDR-S），用于广域搜索、跟踪、识别及通信；二是三阵面X波段雷达（AMDR-X），用于水平搜索、精确跟踪、通信以及与目标交火时的照射制导；三是雷达套件控制器（RSC），用于协调和管理S/X波段雷达，以及雷达与舰艇作战系统的接口，使AMDR作为一个整体有机工作，保证AMDR

在导弹防御、空中防御及海面战的不同任务中快速转换。

根据美国海军的要求,AMDR应具有多任务能力,能够探测和跟踪弹道导弹、飞机及超声速掠海反舰导弹,而且应该具备比当前"宙斯盾"SPY-1雷达更高的敏感度、带宽和弹道导弹识别能力,从而支持对先进弹道导弹的远程探测、识别和攻击。AN/SPY-1D(V)无源相控阵雷达天线孔径3.66m,AMDR天线孔径4.27m,信噪比比前者提高15dB,可满足"SPY+15dB"需求。但在过渡期间,美国海军将继续依靠AN/SPQ-9B雷达提供X波段能力。

AMDR还应具备很强的杂波抑制能力,能够在地面杂波、海洋杂波及雨杂波的恶劣环境中,探测到极低观测度/超低空飞行的威胁目标。AMDR为实现多任务能力而采用有源相控阵技术,以提高雷达波束的转换速度、稳定性和波形灵活性。同时,采用开放式体系结构和模块化软硬件,提高灵活性和可扩展性,并可根据需要应用于不同海军舰艇平台,便于升级和维护。此外,AMDR电源还具有两个功率状态,高功率状态可保证所有的雷达资源投入运行,在雷达不需要全部功能时,可在低功率状态下工作,以降低耗油量和提高舰艇能效。

三、研发特点

一是采用开放式体系结构和模块化软硬件,系统设计具有一定灵活性,便于维护和升级。雷神公司表示,AMDR是完全可扩展的。其体系结构基于$0.61m \times 0.61m \times 0.61m$的雷达模块组件,可根据需要堆叠出不同尺寸的大、中、小型雷达。目前,AMDR雷达需要的信噪比是15dB,比SPY-1D(V)高32倍;但也可以实现25dB或10dB的信噪比。此外,制冷、校准、电源和逻辑接口都是100%可扩展的。该雷达适合多种应用,不只是防空反导。由于软硬件模块实现即插即用,系统维修和升级更加方便,成本也大大降低。

二是引入竞争机制,促进技术创新并降低成本。雷神公司特别重视 AMDR 的可扩展性、可靠性和可维护性,并提出一个极具创新性的使用维护成本模型,使得可更换单元的数量最少、培训和维护开销极低。美国海军海战系统司令部估计,利用该方法,AMDR 在 2012—2018 财年可节省经费 2.71 亿美元、降低生产成本 4.5 亿美元。此外,该方法还包括在 AMDR 后端采用基于商用现货的可重编程部件。这带来很大的灵活性,不仅可以满足未来威胁变化的需求,而且可以有效应对部件的停产断档,便于通过多种渠道进货以促进竞争。

三是借鉴以往雷达研发经验来提高成熟度水平。在 AMDR 实施过程中,研究团队积极借鉴国内外雷达研发经验,以降低技术风险、促进雷达技术成熟。其中涉及美国自身开发的 AN/SPY – 3、双波段、"眼镜蛇朱迪替换项目""爱国者"、AN/APG – 79 和 AN/TPY – 2 等雷达,以及美国与英国合作的"先进雷达技术综合系统试验台"、与澳大利亚合作的新型"相控阵雷达"等项目。

四是加强团队合作,实现优势互补。在 AMDR 研发中,通用动力先进信息系统公司是雷神公司最主要合作伙伴,在技术开发和工程、制造与开发阶段给予大量支持,涉及开放式体系结构、数字接收器/激励器、数字波束形成子系统的研发;其他合作伙伴包括安伦公司(射频组件)、专用工具与机械公司(结构)、美维科技公司(背板和辐射器)、CGR 科技公司(雷达模块组装底盘)等。

五是开发新一代电子元器件技术,以满足装备研发需求。以氮化镓作为材料的第三代半导体器件,主要优势是功率密度高,可大幅提升雷达性能并降低功耗。自 1999 年以来,雷神公司在氮化镓研发领域的投资已高达 1.5 亿美元,包括晶圆的研究、开发和系统集成。

专题五：美机载激光雷达实现
广域快速成像

2014 年 4 月，诺格公司研发的机载激光雷达大面快速成像技术通过了试验验证，这是 DARPA"高空激光雷达运行试验"（HALOE）项目的研究成果。采用该技术的机载激光雷达称为 HALOE 雷达。其成像面积和成像速度分别达到目前"先进机载激光雷达"的 12 倍和 10 倍，有望用于卫星，实现对地广域三维成像。

一、研制背景

与微波雷达相比，机载激光雷达能探测更小的目标和树丛下隐藏的目标，并能对地面实现三维成像，是欧美大力发展的对地探测装备。然而，21 世纪初研制的传统机载激光雷达因需接收较强的地面反射激光信号才能成像，而其发射的激光往返于地面过程中会大幅衰减，致使其载机飞行高度不能太高，探测范围受限。此外，传统的激光雷达产生的海量地形数据需较长的处理时间，导致成像速度慢，不能支持对时敏目标的实时探测。

二、基本情况

为了解决这一问题，DARPA 于 2010 年 5 月与诺格公司签定了为期 5 年总经费为 1710 万美元的"高空激光雷达运行试验（HALOE）合同，研发并验证机载激光雷达大面积快速成像技术。该合同要求激光雷达验证过程中采集美军关注的阿富汗、非洲等多个海外区域的数据，为 DARPA 的"激光沙盘显示系统"(图1)提供高分辨率三维图像数据,支持当时美军在阿富汗的作战。然后使 HALOE 雷达小型化,装备在有人与无人军用飞机上。

图1　城市激光沙盘显示

　　HALOE 之类的激光雷达工作原理如图2所示。脉冲激光源发射的激光束经旋转天线对地进行扫描,从地面反射的激光束通过光学透镜投射到光子计数探测器阵列的不同像素点上。因地面高低不同点处的反射光束传输路径长度不同,探测器阵列各像素点接收的信号强度不同,即单位时间接收到的光子数不同,探测器阵列的输出数据经过计算机的处理,即可生成地面三维图像。

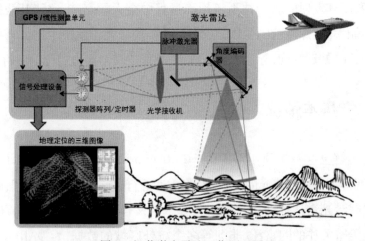

图2　机载激光雷达工作原理图

激光雷达在给定发射功率条件下,发射的激光束经地面反射后离地面距离越远信号越弱。传统机载激光雷达探测器阵列的各像素点需每秒接收数万个光子(强光)才能测距,其接收机离地面的距离需在数千米内。而 HALOE 雷达接收机的光子计数探测器阵列采用短波红外敏感材料,具有极高的灵敏度,各像素点每秒接收的光子(微光)在 10 个之内就可实现距离测量,对地探测距离可达近 10km,最高可达数百千米,因此其成像面积比传统激光雷达更大。HALOE 雷达测距每秒只需接收几个光子,处理时间更短,这就使得 HALOE 雷达成像的速度比普通机载激光雷达要快 100 倍。

根据合同要求,诺格公司于 2010 年对 HALOE 雷达的三维成像部分进行了更新,在美国本土完成性能验证,并完成了海外飞行试验的准备。2011 年,诺格公司将 HALOE 雷达安装在 WB-57 高空气象观察机上,对阿富汗约 11% 的国土面积($72000km^2$)进行了成像试验。此后,又将 HALOE 雷达安装在飞行速度更快的庞巴迪 BD-700"环球快车"运输机吊舱中,于 2013 年 9—12 月在阿富汗执行了 65 次飞行任务,采集了超过 83% 规划区的数据,累计采集区域面积超过 74000 km^2。

HALOE 雷达的最高目标分辨率已达 20cm,超过了当前机载合成孔径微波雷达 30cm 的分辨率。按照试验情况推算,一部 HALOE 雷达 6 个月内能完成阿富汗国土的地形测绘。

三、影响分析

大面积快速成像技术的突破,使机载激光雷达能近实时地迅速产生大范围的三维地形图像,显示目标所在位置的复杂地形地貌和地市建筑细节,为指战员及时发现隐蔽目标,进行作战规划以及对目标实施精确打击,提供逼真的战场图像,大幅度提高作战效能。美国国家侦察局对大面积快速成像技术用于天基激光雷达十分重视,激光雷达部署到天基后能扩大探测范围,监视敌方防备森严的防空区。

专题六：美国积极开发新一代导航、定位授时技术

2014 年 6 月启动，美国国防先期研究计划局（DARPA）启动"在对抗环境下获得空间、时间和定位信息"（STOIC）项目，旨在开发不依赖全球定位系统（GPS），但具有 GPS 级导航、定位和授时性能的系统。

为了克服 GPS 导航存在的信号较弱、穿透能力差、易受干扰、易受网络攻击等缺陷，维持导航定位领域的技术优势，避免过度依赖 GPS 带来的巨大风险，继续掌握未来战场导航主动权，DARPA 一直在积极策划新一代定位、导航、授时技术研究，并启动多个重点项目，STOIC 项目只是众多项目中的一个。

一、微型定位、导航与授时技术项目

微型定位、导航、授时（Micro – PNT）项目旨在利用微机电系统技术，开发具有高稳定性的芯片级惯性测量装置，取代传统的导航、定位与授时手段。该项目于 2010 年 1 月启动，共有 40 多家机构参与，包括美国陆军研究实验室、空军研究实验室和美国国家航空航天局（NASA）等 10 家政府机构，密歇根、斯坦佛、康利、麻省理工等 14 家大学，桑迪亚国家实验室、喷气推进国家实验室等 6 家实验室，以及波音、诺格、霍尼韦尔等 20 家国防承包商。

Micro – PNT 项目包括 4 个关键技术领域：时钟、惯性传感器、微尺度集成及测试评估。DARPA 希望利用微电子和微机电系统的快速发展，开发出体积小、功耗低的惯性导航核心组件，即微型、高精度的时钟

和惯性传感器单元。同时,DARPA 还将采用新型制造和深度集成等先进制造技术,将微型时钟和惯性传感器单元集成到单个芯片上,最终开发出芯片级组合原子导航仪,实现惯性导航系统的微型化。

武器装备小型化已经成为一个重要的发展趋势,在未来战争中将有更多的小型甚至微型作战平台加入作战序列。Micro – PNT 项目不仅有望解决小型甚至微型作战平台惯性导航的难题,而且能够有效提高导弹和精确制导武器的作战效能,有效弥补 GPS 能力的不足。

二、自适应导航系统项目

自适应导航系统(ANS)项目将通过开发新的算法和体系结构,实现多个平台 PNT 传感器的快速即插即用集成,从而降低开发成本,并将部署时间从数月缩短至数天。

自适应导航系统基于 DARPA 正在开展的两个项目:精确惯导系统和全源定位导航系统。精确惯导系统利用冷原子干涉仪,制成精度极高的惯性测量装置,可以长时间工作,而且无需依赖外部数据确定时间和方位。全源定位导航系统利用非 GPS 信号,如激光雷达、激光测距仪、商用卫星、广播电视信号等,多渠道获取信息,实现导航、定位和授时,大幅度提高精度及可靠性。

自适应导航系统项目包括 3 个技术领域:一是更好的惯性测量装置。它需要较少的外部定位数据;二是非 GPS 信号源。通过军、民领域的多种传感器信号应用,实现导航、定位和授时;三是新的算法和体系结构。可根据具体任务,利用新型非传统传感器,迅速重新配置导航系统。目前,精确惯导系统和全源定位导航系统项目均处于第 2 阶段,2014 财年将在多种平台上完成子系统现场演示,2015 财年将实施端对端的系统演示。

自适应导航系统使美军在 GPS 拒止或降级情况下仍具备高精度导航、定位和授时能力,可有效地解决建筑物内和地下深处等地方的导航问题,将为美军导航战的胜利提供重要保障。

三、量子辅助感知与读出项目

量子辅助感知与读出(QuASAR)项目将在现有的原子控制与读出技术基础上,开发下一代磁场、力学和时间量子传感器,用于美国国防各领域,特别是生物成像、惯性导航和精确守时等领域。

该项目于 2010 年启动,为期 5 年,包括 3 个技术领域:一是电磁场感知。利用原子和类原子系统的量子特性,开发具有亚纳米级分辨率和高灵敏度($1nT/\sqrt{Hz}$ 以下)的电磁场传感器,它能够以扫描方式工作,与生物系统兼容。二是力学感知。开发新型加速度计和新型测力计,前者具有接近量子极限的灵敏度,带宽大于 10kHz;后者在标准量子极限(SQL)附近工作,能够集成于现场设备。三是守时技术。将利用实验室原子钟技术的最新成果,开发下一代便携式时钟,其分频稳定度将比基于微波的美国现有频率标准高出两个数量级,接近 10^{-17}/天。

2012 年底,德国斯图加特大学 QuASAR 项目研究人员开发纳米尺度磁力计,使磁共振成像(MRI)分辨率达到单个蛋白质分子水平。2013 年 4 月,哈佛大学 QuASAR 项目研究人员演示了生物细胞内部磁结构成像技术。利用高精度磁场探头,可探测每个细菌的磁结构,并构建磁场图像。该技术有望用于细胞实时观察、生物体系磁导航和增强磁共振成像等领域。

该项目成果将用于美国国防部各领域特别是生物成像、惯性导航和精确守时等领域,包括新型雷达、激光雷达和测量系统等,进一步提高测量灵敏度和导航、定位、授时精度。

四、超快激光科学与工程项目

超快激光科学与工程(PULSE)项目旨在开发生成和控制超快光脉

冲的技术,实现电磁频谱(从射频到 X 射线)的同步、计量和通信应用。

该项目于 2012 年启动,为期 5 年,包括 4 个技术领域:一是开发两种灵巧的低噪声射频振荡器,包括基于锁模激光器的机架安装光频分振荡器和芯片级光频分振荡器;二是演示最精确的光钟分发技术。开发可在实际系统中使用的光学时间传递技术,包括单向光纤时间传递技术和自由空间时间传递技术;三是开发激光驱动二次辐射源。重点开发 3D 相干 X 射线成像系统,可在水窗(2.3~4.4nm)工作,亚细胞结构成像分辨率低于 5nm;四是开展原秒(10^{-18}s)科学研究。重点是通过原秒泵浦—原秒探测光谱方法,开展复杂系统(如凝聚态物质、等离子体)中原秒电子动力学的研究。

地理定位、导航、通信、相干成像和雷达等军事应用取决于稳定、敏捷的电磁辐射的产生与传输。PULSE 项目成果将改进辐射源,实现整个电磁频谱的高效、灵活使用,进一步提升地理定位、导航、通信、相干成像和雷达等装备性能。例如,目前 GPS 通过微波分发时间的授时误差低于 10ns,而光钟在自由空间分发时间的授时误差低于 1ps,误差缩小 10000 倍。

五、在对抗环境下获得空间、时间和定位信息项目

在对抗环境下获得空间、时间和定位信息(STOIC)项目旨在开发不依赖 GPS、但具有 GPS 导航、定位和授时性能的系统。

该项目 2014 年 6 月启动,包括 4 个技术领域:一是鲁棒的远程基准信号。开发不依赖 GPS、无处不在的抗干扰 PNT 系统,可在对抗环境下使用。地面基准信号发射机间隔至少 10000km,无需在对抗环境内部或附近部署和维护基础设施。系统授时精度低于 30ns,定位精度低于 10m。二是超稳定战术时钟。开发超稳定战术时钟,其稳定度比目前铯束钟高 100 倍,具有作战所需的足够鲁棒性。STOIC 时钟的艾伦偏差优于 10^{-14}/s 和 10^{-16}/月。三是利用多功能系统提供 PNT 信息。

STOIC 将为战场机动平台协同开发不依赖 GPS 的时间分发和定位方法,实现平台之间相对时间精度为 10ns(阈值)和 10ps(目标)。四是辅助技术。重点为上述 3 个领域开发新的部件、工艺、传感器和建模方法。

一旦 STOIC 项目取得成功,美军将拥有除 GPS 之外的备份定位、导航和授时能力;而且无需在对抗环境内部或附近部署和维护相关基础设施,这在确保美军精确行动的同时,又带来了灵活性和便利性。

在卫星信号可用的情况下,卫星导航仍然是目前最可靠和最有效的导航定位手段。新型非卫星导航技术也有自身的优势,不仅可以用于建筑物深处、地下、水下等 GPS 信号无法覆盖的环境,而且精度和灵敏度更高,是 GPS 导航技术的重要补充。此外,量子辅助感知与读出项目、超快激光科学与工程项目成果在雷达、测量等军事领域也有较好的应用前景。

专题七：DARPA 启动"透明计算"项目
应对先进持续性威胁

　　随着信息网络技术的飞速发展，从 2010 年的"震网"病毒到 2014 年的"面具""破壳"等先进持续性威胁（APT）事件频频发生，暴露出网络空间目前面临着严峻的安全风险。先进持续性威胁，也称为 APT 攻击，是一种针对国家重要的基础设施和机构①进行的攻击。其先进性表现在攻击技术复杂、攻击行为特征难以提取、供给渠道多元化和攻击目标的不确定上，而持续性则是指它的潜伏期和攻击具有长时间的特点。2014 年 12 月，DARPA 启动"透明计算"（Transparent Computing）项目，旨在开发"透明计算"技术和系统，以应对和有效阻止 APT 攻击。

一、项目基本情况

　　当前信息计算系统是一个非常复杂的接受输入、产生输出的"黑盒"系统，其内部运行情况可视化程度不高，极大地限制了对"黑盒"系统内必要细节的了解，降低了对网络威胁检测和应对的可能性。"透明计算"项目旨在通过软件抽象的方法，描述系统运行期间所有层面的设备交互情况，利用最小的内存资源，提供准确的可视化的系统运行情况，从而使当前不透明的计算系统变得透明。

　　该项目将开发一种技术，用以记录所有网络系统设备的来源（例如输入、软件模块、程序等），动态地跟踪网络系统设备之间的相互作用和

---

　　① 国家重要的基础设施和机构，包括能源、电力、金融、国防等关系到国计民生，或者是国家核心利益的网络基础设施。

因果关系(例如信息流、程序逻辑等),将这些因果关系反映到端到端的系统行为之中,并对这些系统行为进行实时的逻辑推理。即,所谓"透明计算"就是通过对计算/通信平面的数据与代码进行抽象,构建一个信息平面,记录信息元数据因果关系的创建、传播与计算全过程的技术。该项目最终将产生一个由多层数据收集体系结构和分析/执行引擎所组成的试验系统,以完成有效策略的执行和近实时的入侵检测与分析。该项目的执行周期预计将达 48 个月,总投入经费约 6000 万美元。

二、项目实施途径

为保证项目的顺利开展和预期成果的按时取得,DARPA 在项目实施中采取了以下途径:

(一) 划分不同技术领域,保证项目实施全面性

DARPA 将"透明计算"项目划分为 5 个技术领域,即"标签与跟踪"(TA1)、"检测与策略执行"(TA2)、"体系结构"(TA3)、"场景开发"(TA4)和"评估鉴定"(TA5)。该五个技术领域分别面向不同对象,发挥不同的作用。TA1"标签与跟踪"将针对研究与开发(R&D)的执行者,负责跟踪程序和数据之间的因果关系。TA2"检测与策略执行"将同样针对 R&D 的执行者,聚焦于合理地实时地分析 TA1 所产生的数据。TA3"体系结构"将聚焦于集成的实验系统的总体架构和结构组成。TA4"场景开发",将设计 R&D 开展周期性的"对抗活动"的场景。TA5"评估鉴定"又被划分为两个技术子领域,即"对抗性挑战团队"(TA5.1)和"基线团队"(TA5.2)。TA5.1"敌对挑战团队"将与 R&D 团队一起工作,主要开展"对抗性活动",以提供建设性的反馈意见和确定可能存在的差距和问题,提高阻止 APT 攻击的技术。TA5.2"基线团队"则是一个小型专家团队,使用商业上已有的"安全事故和事件管

理员"(SIEM)工具,识别在"敌对行动"期间的"对抗性活动",进而对R&D 执行者的技术进行评估鉴定。

(二)设置不同的发展阶段和目标,保证项目实施进度

DARPA 在"透明计算"项目中也采用了以往项目实施常用的划分阶段和设置不同目标的方式,以便对研发进度和成果进行及时监督和考核。DARPA 将"透明计算"项目划分为三个阶段。

第一阶段(持续时间 24 个月),TA1 执行者将从不同的软件层面,为单个项目开发精确和高效的跟踪器,并逐步扩大程序的规模;TA2 执行者将针对可能由跟踪器产生的越来越大的数据集,进行数据分析的技术和策略研究;TA3 执行者将着力体系结构框架构建,其能够协调跟踪器跨各层收集数据,并记录因果关系元数据跨系统边界的传播。

第二阶段(持续时间 12 个月),多种技术将被放置到体系结构框架以内,在网络设备(如防火墙)中实现跨各软件层面的扩展"透明计算"能力。

第三阶段(持续时间 12 个月)的主要任务是扩展集成的体系结构,并演示其在各种各样的系统和应用场景的可扩展、可部署能力(包括台式机/服务器、移动设备、网页中间件等)。扩展过程须通过正式的评估鉴定。其中,"对抗性挑战团队"将进行受控试验,以测试单项技术的运行参数(性能和内存的使用情况、程序的大小等)和集成体系结构的能力,从而保障其能够迅速地、完整地识别全部攻击。该结果将与"基线团队"使用"商用现货"或自由/开源软件识别攻击的能力进行比较,以鉴定、评估其系统能力。

(三)明确交付成果,保证项目实施效果

DARPA 要求在项目完成时,所有的"技术领域"都必须交付《最终技术报告》。其中"体系结构"(TA3)、"场景开发"(TA4)、"对抗性挑战团队"(TA5.1)和"基线团队"(TA5.2)产生的与整体"透明计算"项目体系结构、作战场景,以及正式的技术评估事件过程等相关的可交付

成果也须一并交付。

交付的成果中应包含项目启动和每次评估的报告、季度/月度技术进展报告、系统开发计划报告（只针对 TA3）、作战场景文件（只针对 TA4）、正式的"对抗挑战团队"技术鉴定/演示事件报告、"基线团队"技术鉴定/演示事件报告、项目成果清单和项目最终工作总结。其中：启动和每次评估的报告要求在项目启动会议之后和在每次评估之后的一个月内完成；季度/月度技术进展报告要求在每个月/季度结束后的10 天内提供；系统开发计划报告要求在第一阶段和第二阶段结束后的一个月内提供；作战场景文件要求在正式的"对抗挑战团队"技术鉴定事件之前的 6 个月提供；正式的"对抗挑战团队"技术鉴定/演示事件文件要求在该项工作完成后的一个月内提供；"基线团队"技术鉴定/演示事件报告要求在相关演示事件完成后的一个月内提供。

（四）针对网络安全攻防特点设立场景开发技术领域

作为网络安全空间领域研发项目，DARPA 在项目实施中针对网络安全攻防特点，设立"场景开发"技术领域。作战场景将由"场景开发"小组独立创作，由管理层监督，以检验研发执行者技术的有效性。在第一阶段期间，设计场景将被用于帮助"透明计算"的执行者理解他们的技术可以支持的环境类型。在第一阶段正式的技术鉴定评估事件中，至少要选择一个用于"对抗挑战团队"的场景，以检验特定的"透明计算"技术的相关指标。在第二阶段和第三阶段期间，设计的场景将与正式的技术鉴定事件中被评估的技术能力相关联，以满足"透明计算"的项目指标。TA4 将在管理层的监管下，建立作战场景的范围，并有必要与 TA5.1 的执行者进行合作。如果需要，还将与其他执行者共同合作，积极参加工作组会议，完成 TA5.1 的演示和鉴定事件。

三、技术难点和挑战

由于 APT 攻击本身的先进性和持续性，加之其攻击手段和破坏能力随着信息网络技术的发展而不断发生变化,所以研发有效阻止 APT 攻击的"透明计算"项目面临着巨大的困难和挑战。主要体现在以下几个方面。

(一)难以确保体系结构的本身安全和系统集成安全

在理想的环境中,"透明计算"将结合软件的防护技术而运行,可避免对应用程序源代码完整性的随意侵犯(例如,通过缓冲区溢出/代码注入攻击),但确定在何种程度上"透明计算"技术可以实现自我防护(例如,通过充分利用较底层"透明计算"的案例)是难点之一。TA3 体系结构需要将所有"透明计算"项目中的技术进行综合集成,整合成为系统级技术方案。该技术领域体系结构的开发是"透明计算"项目的难点。一是在"透明计算"透明化过程中,新的技术系统本身可能会成为网络攻击对象,从而增加原有系统的受攻击点。二是在透明计算集成化过程中,同样存在增加系统受攻击点的可能。因此如何确保"透明计算"系统本身安全和系统集成安全在项目研发中极为重要。

(二)难以使设计的"对抗性活动"作战场景全面、合理

"场景开发"技术领域贯穿于整个项目的始终,"对抗性活动"期间使用的作战场景将引导所有研发者进行技术开发。这就要求设计的作战场景要能够有效演示潜在弱点。因此设计覆盖所需要的一系列漏洞和 APT 攻击行为的作战场景,是整个项目的重中之重。DARPA 以举例形式提供了太平洋"联合作战中心"①的 IPsec 加密网络遭到"中间人"攻击而造成"公共作战图"②失效的场景。在该场景中,"联合作战中心"的值班人员正在使用"公共作战图"监控敌军的制导导弹,敌军通过"中间人"攻击网页服务器和系统数据服务器,窃取核心数据并破坏

---

① "联合作战中心"主要作用是监控空军和舰队的战备能力,协调各方行动任务。

② "公共作战图"是一个在指挥和控制层级使用的关键工具,提供关于友军和敌军的态势感知,以协助做出指挥和控制决策。

"公共作战图"系统。作为网络攻击和防御的主体环境的作战场景是项目开展的基础,只有设计全面合理的"对抗性活动"作战场景,才能够凸显"透明计算"项目的成功。

(三)难以保障制定的鉴定评估方法有效和可执行

该项目的最终成功取决于 TA5 鉴定评估的结果,而制定可执行的鉴定评估标准和规范将是该项目面临的重大挑战之一。TA5.1 需要充分利用作战场景开发的"战术、技术和程序",进行测试和评估。首先必须了解 TA1、TA2 和 TA3 所有系统,向研发者提出安全策略方面的设计建议。其次,能够在测试环境中使用 TA1/TA3 的平台,执行相关的 APT 攻击行为。TA5.1 至少要解决以下 4 个问题:一是表征"透明计算"系统的攻击点;二是在识别场景中 APT 攻击行为表现的真实的漏洞;三是提供稳定的攻击状态以供分析;四是提供可重复的自动攻击过程。TA5.2 是当前网络安全领域的专家团队,将参与 TA5.1 的正式技术鉴定事件。通过理解作战场景和评估的"透明计算"技术,决定使用何种"商用现货"(COTS)或自由/开源软件。TA5.2 须确定并描述进行的攻击,然后进行比较分析产生的数据,给出 TA1、TA2 和 TA3 技术问题的解决方案。

四、意义和影响

随着一些新技术的不断应用,将会带来新的网络安全问题,APT 攻击手段将变得更加复杂和多样化,网络空间领域将面临更加严峻的挑战。美国 DARPA 的"透明计算"项目通过构建透明化信息网络系统,快速发现 APT 攻击和其他网络威胁,实现对攻击行为进行根本原因分析和损失评估。"透明计算"项目将在整体网络监测和控制结构中,集成其基本的网络信息系统处理功能,强制执行安全策略,实时掌握系统行为,从而将网络安全攻击扼杀在初始阶段。

专题八：美国国防领域云计算 2014 年发展动向分析

云计算是继个人计算机、互联网之后的第三次信息技术变革。美军决策层已认识到,云计算是解决目前信息基础设施和信息系统低效率、高成本、建设更新周期长等问题的一个关键技术。2014 年度,美国国防领域云计算有多项重要进展。

一、美国国防部参与制定了《美国政府云计算技术路线图》

美国国防部相关机构和人员参与制定的《美国政府云计算技术路线图》于 2014 年 10 月底由 NIST 正式对外发布。该路线图的发布,将为《美国国防部云计算战略》具体实施提供技术参考。《美国政府云计算技术路线图》分两卷,第一卷是《促进美国政府机构云计算应用的高优先级要求》,第二卷是《对云计算使用者的有用信息》。前者明确了美国政府云计算技术路线图的十大要求,后者主要是提供给战略与战术云计算项目的积极参与者们的一些有用信息。

二、美国国防部继续推进数据中心整合并初步建成"军事云"

美国联邦政府以往众多数据中心已有计算能力的利用率仅为 27%,且缺乏统一规划,组织方式各异,缺乏统一标准和协调,远无法满足日益增长的安全性和可靠性需求。对这些数据中心进行整合,不仅可提高效益和节约开支,更能提升信息共享能力,增强信息安全。

2014年5月,美国国防信息系统局(DISA)关闭了位于亚拉巴马州亨茨维尔的国防计算中心,其承担的国防部整体电子邮件业务被转往其他数据中心。至此,DISA大型数据中心的数量从18降到了10。按计划,到2015财年末,国防部的数据中心总数将从772减至428。

在持续整合数据中心的同时,DISA还用虚拟化技术对处于整合过程中的新数据中心进行基础设施分区,使特定数据类型依据所支持任务的风险,存储在不同安全等级区域中,为云计算安全夯实基础。

2014年10月,DISA称"军事云"(https://milcloud.mil)已初步建成,具备处理保密信息的能力。此外,DISA还实现了通过"军事云"对虚拟数据中心的管理。

三、美军大力发展云计算的作战应用

美国国防部构建云计算系统的总目标是将云计算打造为最具创新性、最高效和最安全的信息和IT服务交付平台,支持在任意地点、任意时间、任意认证的设备上遂行国防部任务。

2014年4月,美国Exelis公司启动了"刹车线"项目,旨在实现云计算环境下的离散情报共享和多源信息筛选融合,增强飞机态势感知能力。此项目集合了通信情报、图像处理、无人机等多方面的专家协同工作,打破传统情报搜集处理模式,进一步有效融合多源信息,缩短情报获取时间,提升获取情报的精确性。目前,Exelis公司2012年推出的基于云计算的地理空间图像和数据分析软件已广泛应用于军事和情报部门的战略战术行动。据分析,"刹车线"项目将有助于增强该软件性能。

2014年8月,美国海军投资1230万美元启动了"海军战术云"项目。该项目将重点研究海军数据科学、分析学和决策工具的开发,包括开发可增强作战指挥和控制能力的应用软件和工具,使得"海军战术云"具备计划、实施远征作战任务的能力。目前,美国海军已建立了"海军战术云参考实现"的大数据云计算环境,该系统由阿帕奇软件公司开发的 Hadoop 软件平台和美国 Cloudera 公司开发的计算环境、数据分析工具组成。系统的数据存储采用谷歌公司、IBM 公司开发的 Accumolo、MapReduce 系列产品。为保证云计算项目的系统集成,美国海军还为所有研究人员提供参考模型和用于虚拟计算的开发工具包。"海军战术云"项目将专注于把云计算应用至美国海军陆战队的两栖作战,为美国海军舰船和海军特种作战部队提供支撑。

2014 年 9 月,DARPA"移动战术云"项目进入第二阶段。该项目旨在为作战人员提供更强大的计算能力(比现有能力增强 100 ~ 1000 倍),改善军事战术环境中的态势感知能力。第二阶段,该项目将主要致力于设备小型化,使其更易于列装至车辆、战斗机和无人飞机上,扩大战术云计算设备的可使用范围。

四、注重云计算建设中的安全

云计算平台是各类基础软件和业务应用软件的综合体,其复杂程度远非一般操作系统可比。它采用了大量新兴技术,拥有庞大的用户群和集中存储于云端的海量数据,存在安全隐患。美军高度重视云计算建设中的网络安全与网络作战能力。

据统计,2014 年第二季度利用云计算服务器漏洞进行的网络攻击整体增多,攻击时间更为短暂,攻击数据量有所提升。2013 年 9 月,DISA 着手加强网络安全,开始在联合信息环境中加入新的"分析云"网络作战能力,用于探测内部威胁。同时,"分析云"也可用于深入挖掘系统网络作战潜能,以便为 DISA 提供更好的网络空间战术指导,提高整体系统的信息技术集成能力和针对安全破坏的响应能力。

电子器件与材料篇

专题一：美国 IBM 公司推出第二代类脑计算芯片

2014 年 8 月,IBM 公司在 DARPA"突触"项目的支持下,采用 28nm 硅工艺研制出名为"真北"的第二代类脑计算芯片,性能大幅提升,取得类脑计算芯片领域的又一重大突破,如图 1 所示。

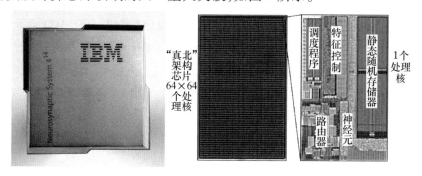

图 1　第二代类脑芯片及其结构示意图

一、研制背景

为满足海量数据的处理需求,应对日益严重的芯片能耗问题,以模拟人脑信息处理方式为主要内容的认知计算成为重要解决方案,其物理实现基础——类脑计算芯片也于近年获得快速发展。

人类大脑包含 1000 亿个神经元和 100 万亿个神经突触,它们相互连接组成一个庞大而复杂的神经网络,使人脑具有认知、推理、学习等信息处理能力。类脑计算芯片借鉴人脑信息处理方式,以晶体管模仿神经元,以忆阻器模仿突触,是一种具备认知能力的新兴计算芯片。与传统计算芯片相比,类脑计算芯片突破传统计算机体系结构和"执行程序"计算范式的局限,以极低的功耗对信息进行异步、并行、低速、分布式处理,具备感知、识别、学习等多种能力。

二、研制概况

"突触"项目于 2008 年启动,为期 6 年,总投资 1.06 亿美元,旨在开发类似大脑的体系结构和电子突触,以及配套的硬件电路,设计工具、训练和测试用虚拟环境等。

IBM 公司推出的第二代类脑计算芯片包含 4096 个处理核,晶体管总数达到 54 亿个,每秒可执行 460 亿次突触运算;神经元和突触数量分别由第一代类脑计算芯片的 256 个和 262144 个提升至 100 万个和 2.56 亿个;功耗是第一代类脑计算芯片的 1/100,每平方厘米功耗 20mW,总功耗仅为 70mW;尺寸仅为第一代类脑计算芯片(采用 45nm 制作工艺)体积的 1/15。

三、未来发展

类脑计算芯片有望最先应用于军方,如 DARPA 希望研制出新型图像处理器,能够自动识别图像和视频中的 F－15 战斗机和"米格"战斗机。未来,它将在国防领域发挥重要作用,如实现复杂环境中的自动信息处理,推动具有高度自主性的智能机器人的发展;还可满足无人机、远程传感器、单兵装备的低能耗需求。

专题二：美国大力发展瞬态电子产品

当前,先进的电子产品广泛应用于各军事领域,美国作为技术最先进的国家,一直担心其电子产品可能因非许可出口、战场遗失和无法回收等原因而被敌方拾获,从而导致战场信息泄露、先进技术外泄等情况的发生。同时,电子产品的快速更新换代,也加剧了电子垃圾堆积和有毒物质排放,带来了巨大的环境压力。为此,DARPA 启动"可设置消失的资源"(VAPR)项目,发展瞬态电子产品。所谓瞬态电子产品是指能够根据特定的触发机制,按照预定速率完全或部分溶解、分解,或以其他物理方式自我销毁的电子系统。2014 年,DARPA 投入总金额达到1720 万美元,与企业界合作,全面推进瞬态电子产品研发。

一、基本情况

VAPR 项目启动于 2013 年底,旨在全面推进瞬态电子产品研究。该项目预计为期 36~48 个月,总计划投入资金 2000~2500 万美元,目标是利用瞬态电子器件制造出一个可与远程用户进行传感和通信的复杂瞬态传感器系统,并进行演示验证。该系统包含传感和数据采集模块、传感数据处理和控制模块、收发远程指令的射频通信模块、提供电量或从环境中采集能量的电源模块等。项目结束后,开发的瞬态电子系统将能够实现传感、数据采集、数据转换、信号收发、控制和供电等基本功能。

按照 DARPA 要求,瞬态电子产品将具有以下特点:一是可瞬态分解,产品在接收到触发指令后的数十秒内迅速溶解、腐蚀或升华;二是产品在分解后彻底消失,肉眼将看不见;三是与商用现货产品具有相同的性能,并在接收到触发分解指令前性能保持不变。

二、特点分析

(一)从材料、器件、模块到系统,开展全技术链的研发

为研发出 DARPA 所要求的复杂瞬态传感器系统,首先要实现具备传感和通信等功能的模拟、数字和射频电路模块。而要实现功能模块则要实现组成这些模块的瞬态有源和无源电子器件,如要先研制出可集成到统一瞬态衬底上的电阻、电容、电感、晶体管等简单瞬态电子器件,进而才能实现锁相环、压控振荡器、低噪声放大器、功率放大器、数字信号处理器、数模/模数转换器等复杂电子器件;而要实现这些瞬态器件则要研制出适合的瞬态材料。因此,DARPA 认为,只有在该项目中开展从材料、器件、模块到系统集成的全技术链研发,才能最终实现瞬态电子器件和系统。

(二)从探索多种瞬态和触发模式出发,引导产品技术创新发展

DARPA 希望通过研究和尝试各种瞬态和触发模式,为瞬态电子产品的发展带来新思路。如作为 VAPR 项目合同承包方的 IBM 公司和施乐公司帕洛阿尔托研究中心(PARC)均提出了自己的研究方向。IBM 公司将采用熔丝或活泼金属层作为触发机关,然后在其上涂覆一层玻璃以便与空气隔离。当器件收到射频触发指令后,玻璃层便会以某种方式毁掉,而使暴露于空气中的活性金属层与氧气迅速发生反应,将硅芯片炸裂,从而实现"瞬间消失"的目标。PARC 计划以"压力工程"材料作为芯片衬底,当器件接收到触发指令后,通过衬底释放出的压力将器件分解为肉眼不可见的微小碎片。而 DARPA 此前研究出的抗感染瞬态电子产品则是通过丝质封装的厚度和结晶度来满足器件在溶解前

的正常工作时间。

（三）分阶段发展，保证项目实施进度和效果

DARPA 在 VAPR 项目中采取了常用的划分阶段和设置不同目标的方式，以便对研发进度和成果进行及时监督和考核。DARPA 将 VA-PR 分为两个阶段，每个阶段持续 18～24 个月。第一阶段重点发展各种瞬态有源和无源基础电子器件，并将其集成为可实现传导、通信等功能的电路模块，这些电路和模块的性能不能低于同等商用现货器件和模块性能的一半，性能衡量指标包括射频工作频率、传感器和射频链路总功耗、平均射频输出功率和接收灵敏度等，分解时间应小于 390s。第二阶段的发展重点是将电路模块进一步集成，为可实现远程传感和通信的复杂瞬态传感器系统，其性能应与商用现货同等系统性能相同，分解时间应小于 40s。

三、难点和技术挑战

瞬态电子产品的开发涉及多个学科，其所要求的瞬态性完全有别于传统电子产品所具有的长寿命、强环境耐受力和高稳定性等特点。因此，瞬态电子产品的研发面临着巨大的困难和挑战，主要体现在以下几个方面。

（一）寻找合适的材料和触发模式

找到合适的材料和配套的触发模式是研发瞬态电子产品首先要解决的重大难题。这些材料应同时具备适宜的电路、机械和瞬态特性，并可在对应的触发模式下无害溶解到其工作环境中。而触发模式则要求无论是自然条件还是人为控制，都应具备易于实现和可受控的特点。

（二）建立完整全新的瞬态电子产品技术体系

瞬态电子产品与传统电子产品有显著区别，其研发和制造的每一

环节都需重新研究,必须为其建立全新的技术体系。在解决合适的材料和触发模式这一难题后,应首先研制出配套的器件设计、制造、封装技术,才能制造出各种简单和复杂的瞬态电子器件。在此基础上,才能实现功能更先进的瞬态电路模块,从而研制出系统设计、系统集成、系统级封装等技术,最终实现更高集成度的瞬态电子系统。

(三)开发与现有半导体工艺兼容的生产工艺

研发和制造各种瞬态电子器件和系统所用的制造、封装和集成等工艺,都应与现有传统成熟的半导体工艺兼容,应能够无缝迁移到商业生产线或代工厂上进行大批量生产,以充分降低瞬态电子产品的研发和制造成本,并为瞬态电子产品在未来的大范围应用做准备。由于瞬态电子产品的发展将依托于全新的技术体系,无疑进一步大幅增加了瞬态电子产品的研制难度,对其发展提出了巨大挑战。

(四)研制配套的测试平台

为了对所研制出的瞬态电子产品的性能和效果进行评估和考核,必须同步开展对配套测试平台的研究,包括测试标准、方法和工具等。该测试平台应具有通用性,以及元器件、模块和系统三个层次的测试能力,可对任一瞬态电子器件/模块/系统的性能指标和瞬态性能进行测试。由于瞬态电子产品的开发已表现出巨大的难度,其测试平台的开发同样将面临不小的挑战。

四、应用前景分析

瞬态电子产品将以其特有的瞬态性,给传感和监控、医疗等诸多领域带来革命性影响,具有重大的军事应用前景。

(一)扩大传感和监控领域,保证战场情报资源安全

利用瞬态电子器件制造出微型传感器,用于战场广域分布式传感

和通信,既可在特定时间提供关键数据,又可按要求分解到周围环境中,无需对每一个器件进行跟踪和回收,避免因个别传感器被敌方发现而导致数据泄露和网络入侵等问题,保证了战场情报资源的安全。此外,瞬态电子产品还可作为间谍产品,以伪装方式存在,溶解后很难留下证据。

（二）有效防止先进技术外泄,避免逆向工程和仿制

瞬态电子产品的使用还可有效避免技术外泄,如果美军武器装备因某种原因被敌方拾获,其中的瞬态电子器件和系统一经触发立即分解,敌方无法对其进行逆向工程和仿制,美军也就无需担心伊朗截获和复制美军 RQ－170 无人机等情况的再次出现。

（三）降低传统医疗风险,提供身体机能监测治疗新方法

瞬态电子产品在植入人体后既可实现预期功能,又可自行消失在人体内,避免了目前心脏起搏器和人工关节等人体植入设备常出现的局部感染等问题,降低了二次动手术可能带来的风险,最终减少病人发病率和死亡率。同时,瞬态电子技术还可用于药物缓释剂,缓慢释放药物杀死病菌。在战场上,则可为士兵提供连续的健康监测和治疗,将因伤病而出现士兵减员的可能性降至最低。

专题三：美国太赫兹电子器件
工作频率不断刷新

2013 年 11 月，诺格公司在 DARPA"太赫兹电子学"项目的支持下，研制出世界上首个工作于 0.85THz、输出功率达 67mW 的真空功率放大器；2014 年 10 月，研制出目前工作频率最高（1.03THz）的固态放大器集成电路。上述技术进展标志着太赫兹电子器件研发取得重大突破，如图 2 所示。

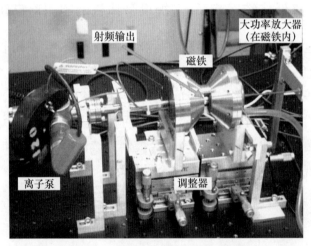

图 2　0.85THz 的微真空功率放大器原理样机

一、研制背景

太赫兹频段指 0.1～10THz 的频率范围，具有带宽大（是直流到毫米波全部带宽的 100 倍）、波束窄、信噪比高等优点，在高速数据通信、高品质远程成像、化学频谱分析、深空探测、无损检测等领域具有广泛应用前景。但由于缺乏实用化和集成化的大功率太赫兹电子器件，至今太赫兹频段仍未广泛利用。

二、研制进展

为抢占太赫兹电子器件的技术优势，美国积极开展太赫兹电子技术研究。DARPA 于 2007 年启动"太赫兹电子学"项目，旨在开发工作频率超过 1THz 的小型化、高性能太赫兹电子器件和相关集成技术，具体包括：一是研究太赫兹磷化铟异质结双极晶体管（HBT）和高电子迁移率晶体管（HEMT）以实现太赫兹单片集成电路，以及开发低损耗太赫兹元件互连和集成技术以实现太赫兹收发模块；二是研究小型化微真空高功率放大器模块，能够在工作频率超过 1THz 时大幅增加天线辐射的输出功率。该计划共分为三个阶段，其目标频率分别为 0.67THz、0.85THz、1.03THz。诺格公司已于 2011 年研制成功 0.67THz 真空功率放大器；于 2012 年研制出工作频率为 0.85THz 的接收芯片，其瞬时带宽达到 15GHz。

2013 年推出的 0.85THz 真空功率放大器以 1cm 行波管为基础，包含一个高电流密度热阴极、可产生高磁场的螺旋管和单级降压收集极；采用等离子反应深槽刻蚀工艺制造出折叠波导慢波结构，电路深宽比达 8∶1，侧壁粗糙度为 50nm；折叠波导输出功率为 67mW，增益为 26.3dB，电路效率为 0.23%，工作带宽为 15GHz。

2014 年推出的 1.03THz 固态放大器集成电路，在 1THz 工作频率时增益为 9dB，在 1.03THz 工作频率时增益为 10dB。如果放大器功率增益达到 6dB 以上，就可以从实验室转向应用，而 9dB 以上的功率增益是前所未有的，这使太赫兹高频电路的实现成为可能。

三、未来发展

太赫兹电子器件工作频率或增益等性能指标的大幅提升，将给其发展和应用带来重大影响,可推动太赫兹电子器件技术向实际应用转化,加快太赫兹频段在军事领域的更大规模应用,将进一步提升保密、高速通信、机载防撞系统和高分辨率雷达成像等武器装备的作战性能。

专题四：美国政府发布指导先进材料研发和应用的战略规划草案

2014 年 6 月 20 日，美国白宫科学技术政策办公室发布《材料基因组计划(MGI)战略规划(草案)》(简称"《MGI 战略规划》")。2011 年 6 月，奥巴马政府宣布开始建立"先进制造伙伴关系"，同时提出"材料基因组计划"，意图通过加强产学研合作，推动材料科学、实验工具和技术的研发和改进，加快先进材料的发现、制造和应用的速度，降低材料研发成本。

一、发布背景

"材料基因组计划"是美国白宫科技政策办公室召集国防部、能源部、商务部、国家科学基金、工程院和科学院等机构的代表组成的跨机构工作组制定的国家性计划，2011 年 6 月推出。"材料基因组计划"的总目标是将先进材料的发现、开发、制造和应用的速度提高一倍。该计划不仅要开发快速可靠的计算方法和相应的计算程序，还要开发先进的实验方法来对理论进行快速验证并为数据库提供必需的数据，还要建立普遍适用且可靠的数据库和材料信息学工具，以加速新材料的设计和使用。2012 年 5 月，白宫科技政策办公室和国家标准与技术研究院共同召开会议，要求各界广泛参与，并大力推动此次计划的实施。美国正在积极推进"材料基因组计划"，想以此保持和提升美国在新材料领域的技术优势，促进制造业的复兴。

二、"材料基因组计划"的主要内容

"材料基因组计划"主要包括以下三方面内容：

（1）构建材料创新基础。"材料基因组计划"将开发新的集成式计算、实验和数据信息学工具。这些软件和集成工具将贯穿整个材料研发链。它们采用一种开放平台进行开发，以提高预测能力，并按最新标准，实现整个材料创新基础数字化信息的整合。这一基础将与现有产品设计框架无缝结合，推动材料工程设计向快速化、全面化发展。

（2）开发数据共享平台。"材料基因组计划"的目的不仅是让研究人员能够轻松地将自己的数据导入模型，同时还要使研究人员和工程人员能够彼此整合数据。数据共享还将促进处于不同材料开发阶段的科学家和工程师的跨学科交流。

（3）为清洁能源、国家安全和人类福祉等方面提供先进材料领域的解决方案。

三、实现"材料基因组计划"需解决的 4 个难题

这 4 个难题分别是：改变材料研究领域的团队合作方式，打破工业界和学术界间的协作障碍；对先进建模工具、数据工具和实验工具进行无缝集成，并为材料研究团体提供先进的工具和技术；将试验数据和计算数据相结合，形成可检索的材料数据平台，鼓励研究人员进行材料数据共享；建设世界级的材料研究人才队伍。

四、明确实现"材料基因组计划"的 4 大目标

针对上述难题，《MGI 战略规划》提出实现"材料基因组计划"的 4 大目标，分别是：

（1）转变材料团队的协作研发方式，以及材料的制造和使用的商业方式，减少材料从发现到应用的时间和成本，实现在材料理论、材料表征/合成/加工、计算仿真三方面的无缝集成，将基础科学知识与工具的进步，转移至工程实践与应用中去，增强政府、工业界和学术界的协

同能力,加快与国际合作伙伴在材料科学和技术领域的合作步伐。

(2) 将用于基础科研的工具、理论、模型和数据与材料加工、制造和应用相结合,建立 MGI 资源网络,充分利用材料研究骨干力量,扩展材料研究与工程团队可用的材料研究和工程领域现有的理论、建模和仿真工具,改善从材料发现到材料研制的实验工具,提升对材料结构的实验和仿真能力,发展数据分析技术,提高实验数据和计算数据的价值,拓展和加速新材料的发现和材料新功能的预测。

(3) 建立易于访问的材料数据平台,包括那些可发现、访问和使用材料科学与工程数据的软件、硬件和数据标准,为学术界和工业界获取有用的材料数据提供便利。

(4) 培养下一代材料科学骨干人才。

五、选定"材料基因组计划"适用的 9 类材料

《MGI 战略规划》将 2013 年学术界、国家实验室、工业界和国际机构选定的 9 类材料纳入其中,并对 9 类材料未来采用 MGI 方法获得的效果进行了预测。这 9 类材料包括生物材料、催化剂、高分子聚合材料、耦合材料、电子和光学材料、能量存储体系、轻质和结构材料、光电材料和高分子材料。

《MGI 战略规划》认为,如果该计划得以顺利实施,各项目标能够如期实现,将对轻型防御系统和车辆、先进的能源材料、用于涡轮发动机的复合材料,以及武器装备和系统的寿命周期预测、储能都有重要意义,将进一步推动清洁能源系统和基础设施等领域的发展和进步。

专题五：超材料研究及应用展望

2014 年 3 月，美国中佛罗里达大学研制出三维纳米结构"超材料"，光从其周围绕过从而实现可见光隐身。大面积的超材料涂复于战斗机表面可使其隐身于探测系统，不被雷达发现。

超材料一词的英文名称是 Metamaterial，又被译为特异材料。它是 21 世纪材料学领域出现的新词汇，其定义是"具有天然材料所不具备的超常物理性质的人工复合结构或复合材料"。超材料的物性由人工结构而非材料本征特性所决定，所以超材料的诞生为材料界引入一个崭新设计理念，不是自然界有何种材料，就制造何种物件，而是针对电磁波的应用需求制造相应的功能材料。超材料研制目标是利用人造构成要素替代原子及分子、以类似结晶的结构规律来形成新的传输介质。近年来，超材料的研究类型主要有左手材料、光子晶体、频率选择表面等。

一、超材料研究受到重视

1967 年，苏联理论物理学家 Veselago 首次假设存在"左手/负折射率"特性超材料，并发表论文，认为这种材料同时具有负介电常数和负磁导率。Veselago 在论文中预言这种材料的多种特性，包括呈现负折射率、呈现电磁波的"左手"传播特性，即电磁波的电场、磁场和波矢构成左手关系，因此被称为左手材料。直到 2000 年，首个关于左手材料的报告才问世。此后，Veselago 的众多预测都得到了实验验证。

为了深入理解左手材料的物理原理，DARPA 国防科学办公室于 2009 年发布负折射率材料（NIM）项目，旨在深入研究"左手"传输物理特性以及负折射率,以扩展能够观测到这种现象的频段。NIM 项目的详细技术目标包括:实验验证和深入了解负折射率材料的物理特性、反向群推论以及相位速率;研究和演示利用负折射率材料进行亚波长成像;拓展负折射率材料的工作频率范围;了解和降低负折射率材料在实际应用中的损耗机制。按照项目设想,负折射率材料取得的技术进步会形成多个国防应用,包括轻质、微型化射频结构,并提高成像系统的光学特性。

二、超材料设计独树一帜

超材料设计方法有遗传算法和变换光学法。采用遗传算法可逐个筛选超材料微结构中的几何图案以获得最优模式;利用变换光学法可根据所需光线传播路径设计出光学超材料。

（一）遗传算法设计宽带超材料

2014 年 5 月,美国宾夕法尼亚州立大学研究团队使用遗传算法设计出可以吸收红外波段光的特殊材料——超材料。这是第一次设计出覆盖红外光谱的超倍频程材料。具有更宽吸收频带意味着超材料可在很宽波长范围屏蔽仪器不被红外传感器发现,起到保护仪器的作用。

研究人员实验测试了银、金、钯材料,发现钯可提供更好的带宽覆盖。此新型超材料由硅衬底上的叠层组成。第一层是钯,其上是聚酰亚胺层,此层之上是钯丝网层。钯丝网有精致复杂的亚波长级几何图案,只要合理设计图案,叠层材料结构可以作为高效吸收器,能吸收以 55°角入射到丝网上的 90% 的红外辐射。

研究人员使用遗传算法设计钯丝网图案。通过一系列的 0 和 1 染色体来描述丝网图案,让算法随机选择图案以创建设计初始种群。该算法测试图案后只保存最好的并淘汰其他。最好图案被调整为第 2 代。经过数代的优胜劣汰,选拔出来的好图案超过了初始设计目标。

随着时间推移,每一代的最佳图案都被保存。遗传算法通常应用于电磁学,但是设计超材料却是首次。

(二) 变换光学设计超材料

光学超材料由亚波长单元的均匀阵列构成,具有设计所需的独特性质。但当设计拓展到非均匀阵列,将产生更多的特性选择,这为变换光学(Transformation Optics)打开了大门。与几何光学不同,变换光学的原理是,任何所需的电磁场光滑变形都可以通过适当的设计超材料来准确实现。可以操纵亚波长阵列超材料内的电磁场,通过结构设计以任意方式改变电场线和磁场线的传播路径。比如,设计隐藏物体的隐形斗篷,先确定绕过隐藏物体的光路,再用变换光学设计满足光路的超材料参数,如尺度、单元个数、结构和形状。组成超材料的亚波长单元形成变换光学构件块,在可见光波段,每个单元必须小于 400 ~ 700nm。对开发光学超材料而言,变换光学将成为首选设计工具。

三、超材料制备千帆竞发

如何制备大面积超材料是研究的首要问题。依据对中国专利公布公告的检索,在 871 个超材料主题公告中,超材料制备方法占据 96%,可见超材料制备方法的研究正处于百舸争流、千帆竞发的蓬勃发展时期。目前较为成熟的制备方法包括"图案第一"法、纳米转印法、剥离工艺、立体打印和电子束光刻。

(一)"图案第一"法

"图案第一"(Pattern – first)工艺是先制备一种有图案的牺牲层衬底,然后在衬底上重复沉积其他各层。此法受到超材料总厚度(几十纳米或更小)的限制,因此限制了可以实现的共振类型,以及最终的薄膜功能。实验表明"图案第一"的薄膜总厚度增加到 300nm、沉积 5 个双层薄膜时,可以产生强烈的特征共振和明显的超材料特征。

(二)剥离工艺

2014 年 5 月,新加坡科技研究局数据存储研究所验证了一种有前景的新型制备工艺——三层剥离(Trilayer Lift - off)工艺,可以制备大面积渔网超材料(Fishnet Metamaterials)。大多数光学超材料是由微小的重复金属结构组成。当有特定频率的光照在结构上,可在每个结构内建立振荡场。这些场彼此共振从而产生需要的集体行为。渔网超材料通常有几层垂直堆叠的重复单元,分布在较大的横向尺度上。因为在垂直和水平方向都有结构,被称为 3 维材料。三层剥离技术可以制备出大面积三维纳米器件,使超材料应用成为现实。此工艺通常用于工业界很少用于实验室。

(三)纳米转印法

2014 年 3 月,美国中佛罗里达大学使用纳米转移印刷(Nanotransfer Printing)法制备了一种工作在可见光谱的长列多层超材料,此材料由金属/电介质复合薄膜堆叠形成 3 维结构,具有纳米图案的薄膜在可见光谱范围改变折射率从而控制光的传播,光从超材料周围绕过实现光隐身。大面积超材料再采用一个简单的印刷工艺,可以实现基于设计的纳米级光学响应新型器件。

(四)立体打印技术

2014 年 4 月,中国科学院长春光学精密机械与物理研究所公开了一种立体打印 3 维周期结构超材料的专利。这种方法解决了制作超材料精度差、耗时长的现有技术问题。此专利采用 3 维建模软件分别建立超材料中金属材料结构的 3 维 CAD 模型和树脂材料结构的 3 维 CAD 模型,再将 3 维 CAD 模型转换成 STL 格式文件,输入双材料立体打印机,同时打印超材料的金属材料结构和树脂材料结构,得到

3 维周期结构超材料。此方法具有制作精度高、速度快、工艺简单的特点。

（五）电子束光刻

2014 年 3 月,新加坡南洋理工大学提供了一种在可见光—红外范围内可操作的超材料生成方法。具体步骤是:①在基板上沉积导电材料层;②在导电材料层上形成电子束光刻胶层;③利用电子束光刻使光刻胶层图案化以形成有图案的基板;④将贵金属层沉积在有图案的基板上;⑤除去光刻胶。此方法生成的超材料可制备最小线宽 20～40nm 的裂环谐振器。

四、超材料应用前景广阔

随着超材料研究的不断深入,其应用范围在继续扩展,已从微波发展到太赫兹波以及光波段,其新型应用如高效平面天线、能量采集器、隐身材料、太赫兹通信以及力学隐形衣相继涌现。平面天线可以应用于军事通信卫星,能量采集器可为军用传感器网络提供能量,而隐身材料可制作雷达难以识别的隐身飞机外壳涂层。

（一）用于平面天线的超材料

2014 年 4 月,英国 BAE 系统公司和伦敦大学合作研制了一种制造平面天线透镜的新颖超材料,可使电磁波通过透镜聚焦,以提高天线增益和增强方向性。这一突破可使飞机、舰艇、无线电和卫星天线的设计产生划时代的变革。

这种复合超材料透镜能够嵌入飞机的蒙皮中,相对于当前的机载天线是一个重大飞跃。使用新型平面天线技术,可以用一个天线替换过去不同频率工作的多个天线。超材料天线具有质轻、灵敏度高和方向性好的优点,将是雷达、战斗机、GPS 导航系统的必备天线。

（二）捕获微波能量的超材料

2013 年 11 月 7 日，美国杜克大学普拉特工程学院设计了一种能量采集器，可调谐捕捉到的微波信号。能量采集器应用了超材料，其人工设计结构可以捕获各种形式的波能并调谐为可用能量，其能量转换效率接近于太阳能电池。

能量采集器可以将卫星信号、声波信号或 Wi－Fi 信号转换为电能。研究人员设计了可捕获微波的电路，用电路板把玻璃纤维和铜导体构成的 5 个超材料结构连接在一起，可将微波转换为 7.3V 的电能。相比之下，用于小型电子设备的通用串行总线充电器只有 5V 电压。研究目标是利用超材料结构电路实现 37% 的最高能源转换效率，堪与太阳能电池相比。此外，超材料结构电路还可用于其他类型的能量采集，如振动能和声能。

超材料能量采集器还可以制备到手机上，在手机闲置时为手机无线充电。依据此原理，在附近无插座可利用时，手机使用者可以从邻近的手机信号塔采集能量。杜克大学验证了一种简单廉价的电磁能量采集方式，设计的基本模块是独立、可增可删的。例如，可以组装一系列的能量采集模块，捕捉一组已知的穿越头顶上空的卫星信号。信号产生能量可以驱动偏远的山顶或沙漠的传感器网络工作。

（三）具备隐身功能的超材料

2014 年 3 月，美国中佛罗里达大学创造了超材料人造纳米结构，可以使光弯曲。在一个物体周围控制和弯曲光线从而使肉眼难以看到物体，这是科幻小说中隐形斗篷的理论依据。现实中利用超材料制作隐形斗篷还面临巨大挑战。此研究可能将克服这一障碍。

因为天然材料不可能将光线弯曲，科学家创建了人造纳米结构超材料来完成此重任，在 3 维空间通过结构操纵、控制电磁响应将实现对光的精确控制。利用此技术可以创建更大面积的超材料，以制造现实可用的器件。比如开发大面积超材料吸收器,使战斗机隐身于探测系统,不被雷达发现。

(四) 宽带太赫兹通信用超材料

2014 年 1 月,美国能源部艾姆斯(Ames)实验室的科学家验证采用超材料可产生宽频带太赫兹(THz)电磁波。此发现将有助于开发无损成像和传感技术,使 THz 速率的信息通信、处理和存储成为可能。

艾姆斯实验室设计了飞秒激光实验,证明从单一纳米厚度的超材料可发射 THz 波。超短激光脉冲与超材料不同寻常的特性相结合,可以使发射极厚度显著降低,从而高效率产生宽频带 THz 波。

研究组采用 1.5μm 通信波长验证此技术。调整超材料中元原子尺寸便可产生 THz 波。从原理上说,可以将此技术扩展到全部 THz 频段。更重要的是,实验室研发的超材料 THz 发射极仅有 40nm 厚,而以往传统发射极厚度是此超材料发射极的数千倍。此技术方案解决了 THz 发射极技术面临的 4 大技术难题:效率、宽带、小型化和可调谐性。

(五) 避免物体被触摸到的隐形衣

2014 年 6 月,德国卡尔斯鲁厄理工学院(KIT)科学家成功创建一个装置,物体放于其中难以被触摸到。

隐形衣由聚合物超材料制成,其特性取决于空间结构。在需要被隐藏的对象周围建造此结构,结构中力量分布依赖于所处位置。开发力学隐形衣的最大障碍是将精密组件在一定尺寸内完整排列。此处的超材料是一种亚微米结构的晶体材料,由针尖接触的针形锥体组成。接触点的大小通过准确计算以获得所需的力学性能。在此结构中,手指或测量仪器无法感受到结构的存在。

在制备隐形衣时,一支硬圆筒插入到底层。被隐藏的对象置入圆筒腔,如果一个轻质泡沫或多层棉覆盖于硬筒上方,将很难触碰到硬筒,但作为一种形式仍然可以感觉到。超材料结构引导触指的力量使得圆筒完全被隐藏。

这种力学隐形衣的实现相当复杂。当定义了所需的力学特性后，利用数学方法推导出物理基本方程，以对超材料的结构得出结论。该超材料由聚合物制备，采用 KIT 学院的"剥离纳米划痕"（Spinoff Nanoscribe）激光直写法，实现了长度几个毫米的完整样本要求精度。

力学隐形衣虽然还处于基础研究阶段，但是将会为近几年的国防应用开辟一条新路。采用这种自由选择力学特性的超材料，可以研制出隐藏电缆管道的非常轻薄但很舒服的野营垫。

截至目前，围绕超材料的研究大多属于理论探讨和实验室样品研制阶段。进一步的研究将会为超材料提供更广阔的国防电子设备应用空间，比如工作在可见光到红外甚至更长波段基于超材料结构的石墨烯晶体管、用于可见光成像与太赫兹成像的 CMOS 数字图像传感器、提高增益降低成本的微带贴片天线、超材料频选表面制成的卫星天线、高效薄膜太阳能电池、光谱检测分析设备等。根据美国 Lux 研究机构的预测报告，超材料在未来 10 年将得到广泛应用。

网络空间篇

专题一：美国发布《改善关键基础设施网络安全的框架》

为了解决美国国家关键基础设施在网络安全领域面临的严重威胁和挑战，从 20 世纪 90 年代开始，美国相继制定了一系列保护关键技术设施的政策法规，现已逐步形成一套相对完善的关键基础设施安全防护体系。2013 年 2 月，美国总统奥巴马发布 13636 号行政令，提出《改善关键基础设施网络安全初步框架》。2014 年 2 月，NIST 正式发布《改善关键基础设施网络安全框架》（简称"《框架》"），该《框架》能够为不同关键基础设施拥有者提供适用自身发展的原则和风险管理最佳实践方案，旨在改善关键基础设施安全环境和恢复能力。

一、框架主要内容

《框架》主要包含三部分内容：

一是框架核心。包括功能、类别、子类别和信息参考资料四项内容，为各关键基础设施拥有者制定安全框架提供详细的指导。其中，功能项包括识别、保护、检测、响应和恢复五个核心要素，旨在帮助关键基础设施管理机构开展网络安全风险管理、组织信息分析和风险管理决策；类别项是功能项的细分，包括资产管理、访问控制和过程检测；子类别项的类别项细分，包含了具体成果的集合；信息参考资料为政府和机构制定标准提供依据。

二是框架实施层级。《框架》为基础设施管理机构提供了 4 个代表风险管理实践程度的层级。层级的选择需要考虑机构当前风险管理做法、威胁环境、法律和监管规定、任务目标和组织约束等因素,以确保相关机构所选择的层级切实可行。

三是框架配置文件。《框架》配置文件结合不同机构的业务需求、风险承受能力和资源水平,描述了关键基础设施拥有者进行网络安全风险管理的当前状态和目标状态,帮助拥有者减小配置文件与目标文件的差距,以实现风险管理和成本效益目标。

二、改进措施

《框架》提出以下几项改进措施,帮助关键基础设施管理机构更好地识别、评估和管理网络安全风险。

(一)完善风险评估机制

《框架》提出整合关键基础设施拥有者网络安全评估报告、共享标准化信息和简化法律制度,帮助各拥有者对网络安全事件进行基础性评估,降低网络安全风险,保障私营企业自愿提交的信息获得最大程度的法律保护。

(二)建立网络安全计划

《框架》指出,关键基础设施拥有者应建立完善的网络安全计划,包括制定优先级和范围、确定实施方案、创建当前配置文件、管理风险评估、创建目标配置文件、确定及分析和优先处理差距、实施行动计划等措施。

(三)积极推进公私合作和信息共享机制

《框架》阐明了政府与关键基础设施拥有者之间的信息共享机制,要求国土安全部与相关部门制定适用于关键基础设施拥有者的网络安全计划,包括:强化国土安全部职责,推进网络安全信息共享;联合国家情报机构出台相关方针；与司法部门合作建立针对特定目标网络威胁快速通报机制；与国防部配合，将"增强网络安全服务"计划推广至全部关键基础设施管理拥有者等。

（四）采用灵活的信息安全参考标准

《框架》采用企业现有的风险管理和安全防护标准，如 COBIT、ISO/IEC 27001、NIST SP800 - 53 等，通过参考全球化网络安全风险管理标准，灵活发展相关技术和业务，推动信息安全防护产品和服务的发展，以满足不断变化的市场需求。

（五）强调保护隐私和公民自由原则

《框架》强调保护个人隐私和公民自由，建立广泛的公众信任，包括网络安全风险管理、识别和授权个人访问机构资产和系统权限、认知和培训措施、异常活动检测和系统资产监控、信息共享等保护方案。这些方案用来补充企业已有的隐私保护流程，对隐私风险管理提供指导。

专题二:美国陆军发布《战场手册 3 - 38: 网络电磁行动》手册

2014 年 2 月,美国陆军发布了《战场手册 3 - 38:网络电磁行动》(FM3 - 38 Cyber Electromagnetic Activities,简称"CEMA")。CEMA 是美国陆军第一部网络电磁行动野战条令,为美国陆军实施网络电磁作战提供了条令依据和方法指导。尽管 CEMA 是关于网络空间作战、电子战和电磁频谱管理运作的联合手册,但却是美国首个公开的网络空间作战战场应用条令,可从中探析美国陆军实施网络空间作战的相关问题。

一、CEMA 的发布背景

随着网络空间成为一个新的作战领域,网络空间作战进入实际战场已是必然,美国陆军迫切需要指导网络空间作战实施的应用性法规,在此背景下,美国陆军发布了 CEMA。同时,根据美国陆军 2011 年 6 月启动的"任务指挥计划"的"2015 条令战略",美国陆军将引入全新的条令体系,并将在 2015 年 12 月 31 日前完成全部更新。陆军条令分为陆军理论出版物、陆军理论参考出版物、野战条令和陆军技术出版物,此次陆军发布的 CEMA 正是"2015 条令战略"野战条令的一部分。

CEMA 也是在美国陆军对网络空间行动、电子战和电磁频谱管理的认识和理解日益成熟的情况下发布的。电子战和电磁频谱管理早已成为美国陆军作战行动的一部分,美国陆军将网络空间行动、电子战和电磁频谱管理作为统一的网络电磁行动,表明美国陆军希望通过集中和同步网络空间行动、电子战和电磁频谱管理运作实施网络空间作战行动。战略或宏观上的网络空间行动问题已不再神秘,但战役或战术层级的网络空间行动组织和实施仍有诸多难点,CEMA 是美国陆军对这一问题的直接回答。

二、CEMA 的主要内容

CEMA 提供了指挥官和参谋人员规划、集成、协同、组织和实施网络电磁作战的战术和程序。CEMA 分为七章,主要包括以下内容。

(一)网络电磁行动相关概念及原理

CEMA 对网络电磁行动的术语、组成、作战环境、功能等基本原理进行了说明。美国陆军将网络空间行动(Cyberspace Operations,CO)、电子战(Electronic Warfare,EW)和频谱管理作战(Spectrum Management Operations,SMO)以统一的方式进行组织实施,称为网络电磁行动,目的是在网络空间和电磁频谱领域夺取、保持和利用对敌优势,同时拒阻和降低敌方同等能力,并保护任务指挥系统。

CEMA 定义了网络电磁行动的作战环境和信息环境等,明确分析作战环境必须考虑空中、陆地、海上、太空、网络空间五个领域和电磁频谱域。信息环境影响作战环境,影响和决定军事行动的效果,网络空间和电磁频谱是信息环境的一部分,网络空间存在于信息环境的物理维和信息维中,电磁频谱存在于信息环境的物理维中,网络电磁行动作为一种信息相关能力,是关于信息作战的告知及影响行动的组成部分。手册给出了网络电磁行动作战视图,要求部队通过以下行动实现网络电磁能力:一是建设、运营和防御网络;二是攻击和刺探敌人和对手的系统;三是通过网络电磁行动获得态势感知;四是保护个人和平台安全。

(二)网络电磁行动组织机构和职责

CEMA 明确了网络电磁行动的组织机构、人员组成及相关职责。

指挥官通过网络电磁行动要素（CEMA Element）实施网络电磁行动。网络电磁行动要素由电子战军官（EWO）领导，其主要组成人员有电子战参谋、频谱管理人员、负责情报工作的助理参谋长（或情报参谋）、负责信号工作的助理参谋长（或信号参谋），指挥官可根据任务需要决定网络电磁行动要素的人员组成。网络电磁行动工作组作为协调机构，负责网络电磁行动与整体作战行动的整合，由负责情报的助理参谋长、负责信号的助理参谋长、负责告知及影响活动的助理参谋长、负责民政事务的助理参谋长、火力支援官、空间支援分队、陆军军法局局长代表、知识管理官员、联络官、频谱管理人员、电子战官员、特种技术行动人员等组成。

（三）各子作战功能和作战行动集成

CEMA 用三章分别说明了网络空间行动、电子战、频谱管理作战三个子作战功能的相关事项，以及网络电磁行动和其他作战行动的集成问题。

网络空间行动包括进攻性网络空间行动（Offensive Cyberspace Operations，OCO）、防御性网络空间行动（Defensive Cyberspace Operations，DCO）和国防部信息网络运维，网络空间行动通过网络电磁行动集成到作战行动中。电子战包括电子攻击（EA）、电子防护（EP）和电子支援（ES）三个功能，通过网络电磁行动集成到作战行动。频谱管理作战由频谱管理、频率分配、东道国协调和政策执行四个相互关联的核心功能构成。手册详细描述了各子作战功能、术语和任务。

（四）网络电磁行动实施程序和伙伴关系事项

CEMA 明确了网络电磁行动的组织实施程序。网络电磁行动遵循规划、准备、执行和评估的程序实施，通过接受任务、任务分析、制定行动方案、行动方案分析、行动方案比较、行动方案批准、命令生成分发和修正等军事决策过程的七个步骤纳入整体作战计划和命令。网络电磁行动要素负责将网络电磁行动集成到整体作战行动的情报准备、目标选择、风险管理和持续行动过程中。手册还说明了网络电磁行动与联合作战行动、国土防御和国防部支持民事机构、跨机构和政府、跨国合作问题,非政府组织、东道国、军事设施、私营部门等伙伴关系相关考虑和注意事项。

三、从 CEMA 看美军网络空间行动

CEMA 中的电子战和电磁频谱管理运作并无新意,其亮点是将网络空间作战、电子战和电磁频谱管理运作综合集成到陆军作战行动中,对其解析应将关注点放在网络空间作战相关问题上。

（一）反映了美军"网络空间—电磁频谱一体化作战"相关能力集成融合的发展趋势

2010 年前后,美军曾有过网络空间作战和电子战相互关系的争论。在 CEMA 中,美国陆军将网络空间作战、电子战和频谱管理作战统一为一种作战行动,并作为对"网络空间—电磁频谱一体化作战"能力进行总体计划和整合的告知及影响行动(IIA)的组成部分,集成到其他信息相关能力中。手册从机构和职责等多方面强调了 CEMA 作战集成与协同问题,以及 CEMA 行动与 IIA 行动的整合问题,这既反映了网络空间的多作战域联结空间特点,也体现了"网络空间—电磁频谱一体化作战"相关能力只有无缝衔接和一体集成才能发挥最佳作战效能的发展趋势。

（二）是美网络空间攻击能力公开化与合法化的一个标志

CEMA 的公开,充分表明了美网络空间作战力量、指挥体系、网络武器等网络空间作战能力建设已发展成熟,并已进入实战应用阶段。美一方面公开强烈反对网络空间攻击行为,但却在作战手册中强调网

络空间进攻。不但明确网络空间行动包括进攻性网络空间行动,而且将防御性网络空间行动的响应行动定义为在防护的网络之外采取的、以保护和捍卫美网络空间能力或其他指定系统的防御性措施或活动,言外之意,防御性网络空间行动的响应行动可在网络外进行,可对别人网络发起先发攻击。手册明确进攻性网络空间行动需要总统和国防部部长授权,但防御性网络空间行动的授权是作战指挥官和联合部队指挥官,CEMA 实质上是美对网络空间攻击欲盖弥彰的公开化和合法化。

(三)美国陆军网络空间行动的网络防御职能存在一定模糊性

根据 CEMA 中的"防御性网络空间行动主要在国防部信息网络内部采用,也可延伸到国防部信息网络之外,对陆军而言,国防部信息网络运维行动在国防部信息网络内实施,包括陆战网网络运维、网络传输和信息服务",可以明确美国国防部信息网络之外的防御性网络空间行动的网络防御职能,和国防部信息网络运维行动的网络防御职能的区别与联系。但在国防部信息网络之内,内部防御措施提供的网络防御职能,与国防部信息网络运维行动中的网络防御职能存在一定模糊性,难以确认哪些属于国防部信息网络运维行动,哪些属于防御性网络空间行动。

专题三：2014 年日本网络安全新进展

2014 年,在《网络安全战略》的指导下,日本出台一系列措施,进一步完善网络安全政策架构,不断加强网络安全力量建设,规划网络技术研发,推动网络空间领域的国际合作,振兴网络安全产业发展,强化高端人才培养,建设工作成体系开展。

一、基于顶层战略性文件,制定具体的实施计划

在已颁布的《日本复兴战略》《网络安全战略》《网络安全国际合作方针》和《国家安全保障战略》等战略文件的基础上,日本 2014 年制定了一系列具体实施计划,包括《网络安全 2014 年度实施计划》《信息安全研发新战略》《关键基础设施信息安全对策第 3 次行动计划》《新信息安全人才培养计划》和《新信息安全普及启发计划》等,进一步完善了网络安全建设的政策体系,强化了技术研发和人才培养方面的战略性规划。《网络安全 2014 年度实施计划》在延续网络安全战略思想的基础上,依据网络安全形势变化和 2020 年东京奥运会期间的网络安全对策研究情况,将网络安全对策具体化,以进一步提升政府部门、独立行政法人、关键基础设施运营商、企业、国民等主体的网络安全水平,并加强彼此间合作。

二、出台《网络安全基本法》,保障网络安全推进机制的有效运行

为应对急剧增加的网络安全威胁,全面推进网络安全政策措施的

有效实施,日本于 2014 年 11 月 12 日正式颁布《网络安全基本法》。该基本法树立了网络安全基本理念,明确了国家在网络攻击应对过程中的职能,规定了网络安全战略和其他网络安全政策措施制定过程中的基本事项,并要求将信息安全政策委员会升格为网络安全战略本部。依据基本法附则第 2 条的有关规定,日本将在国家信息安全中心的基础上组建国家网络安全中心,并设内阁网络安全官。

三、加快推进网络防卫队建设,切实提升网络安全防卫能力

2014 年 3 月,防卫省在"指挥通信系统队"基础上,正式成立"网络防卫队"。该防卫队隶属于防卫大臣,主要负责网络空间攻防和攻击后快速恢复,编制 90 人。2014 年 7 月,日本解禁集体自卫权后,明确要求"网络防卫队"要对攻击源进行反击。此举标志着日本网络防卫策略已由以防御为主转为"攻防"兼备。根据预算,2013 财年日本投资 212 亿日元用于建设"网络防卫队"、网络空间靶场、采购网络空间监控设备,以及开展日美联合训练和演习;2014 财年投资 205 亿日元用于采购网络空间信息采集设备,建设防卫省通信基础设施,开发下一代网络空间防御分析系统和网络空间攻击技术等。

四、加强官学研通力合作,促进网络安全领域前沿技术研发

2014 年 3 月,日本防卫省技术研究本部与国家信息通信技术研究院签署协议,在网络安全技术、网络虚拟化技术领域开展合作,重点研发网络空间测试环境和演习环境的构建技术。国家信息通信技术研究院重点负责网络攻击监测和分析、网络虚拟化等前沿技术的研发,并负责将日本研发的安全技术推向世界。同时该研究院还与中央大学、东

京工科大学联合开发安全密码技术,并着手制定密码协议安全评估领域的国际标准,以期在密码协议评估技术领域达到世界领先水平。日本总务省"网络攻击对策综合研究中心"则负责有针对性攻击检测技术、大规模实时流量分析技术、基于主机的入侵防御系统与基于网络空间的入侵防御系统的融合技术、下一代多层次防御技术等领域的研发工作。此外,政府还通过推动日本企业进行国际业务拓展,发展网络安全产业,促进网络侦攻防及基础支撑技术的研发。

五、企业成为网络安全产业发展的主力军

2014 年日本军工企业网络安全技术研发取得实质进展。NEC 公司通过收购"网络安全防御研究所"、拓展网络安全国际业务等措施,有效提升了日本在国际网络安全产品市场中的影响力,其"网络安全工厂"已成为应对政府和企业所面临网络攻击的核心据点。LAC 公司为整合国内网络安全研发力量,提出"网络空间—网格—日本"构想,集中进行黑客技术、恶意软件解析技术、取证技术、智能手机安全技术和控制系统防御技术的研发。富士通公司开发的针对网络攻击的高速检测技术和防止网络攻击扩散的软件,可在检测到病毒后进行即时切断隔离,使响应时间减少至原来的 1/30。日立制作所研发的"恶意软件自动分析系统",使目前恶意软件分析时间缩短了 75%,已被应用于总务省"网络攻击解析与防御模式实践演习验证"项目中。目前,NEC、富士通、日立制作所、NTT 等企业已具备为政府和企业提供全天候远程监控服务的能力。

六、加快国际合作步伐,推进网络安全能力建设

日本欲通过外交、国际合作和国际拓展等手段,构建全球领先的网络空间。在网络安全建设过程中,日本认为与美国的合作至关重要,同

时还逐步通过与英国、澳大利亚、北约之间的对话,强化与之合作。2014 年 4 月,日美首脑会谈就构建东盟各国及亚太地区的网络空间防御体系达成共识,拟建立以日美为核心的区域性对抗机制。日本与北约签订了《日本·北大西洋公约组织共同宣言》,其中就设有网络安全军事合作的相关条款;5 月,日本与欧盟发表的联合声明声称,双方将建立网络空间对话机制。10 月,国家信息安全中心、总务省和经产省在东京共同举办了"日本与东盟信息安全政策会议",明确了将在信息安全人才保障和国家关键基础设施等方面,加强与东盟国家的合作。

七、提升全民安全意识,着力培养具有国际竞争力的人才

2014 年 1 月召开的日本信息安全政策会议决定,将每年 2 月的第一个工作日定为"网络安全日",用以开展教育活动。国家信息安全中心于 2 月 14 日公布《新信息安全人才培养计划》草案,将每年的 3 月 18 日定为"网络攻击应对训练日",并在 3 月 18 日当天,组织了首次应对网络攻击的大规模演练,约 100 位来自内阁府各省厅、国家信息安全中心及关键基础设施运营商的人员参加了此次演练。日本还通过政府与民间联合开展培训和技能竞赛、参加国际会议、赴海外学习等方式,培养具有国际竞争力的人才。信息安全政策委员会曾提议招募高水平的黑客为其服务。防卫省还派员赴美训练,并参加国际网络空间演习。但面对网络空间能力建设的巨大需求,其专业人员的缺口达 8 万人。

专题四：欧洲《网络危机合作与管理报告》解读

2014 年 11 月 6 日,欧洲网络和信息安全局公布《网络危机合作与管理报告》,在对欧盟委员会、经济发展与合作组织两个国际组织,以及德国、荷兰、瑞典、法国等 6 个国家的 17 位专家进行访谈的基础上,对欧盟如何开展网络危机管理及合作进行了研究。

该报告指出,通信与信息共享技术的快速发展为欧洲社会带来新的机遇和威胁,人类对信息通信技术和网络的依赖逐步增加,伴随的风险也逐步加大,如 2013 年发生的针对荷兰银行系统的分布式拒绝服务攻击,导致数千用户无法登录在线账户或使用移动支付系统;2012 年印度政府官员的电子邮件账号遭黑客攻击,致使 12000 个账号被盗取。这些网络威胁活动很少受地理区域或某个组织的限制,因此需要政府和非政府组织在国家及国际层面开展广泛的合作。

此报告在详细介绍一般危机管理的特点、关键因素、任务、面临的挑战和如何沟通等问题后,对网络危机合作与管理进行了重点论述,旨在通过对一般危机管理和网络危机合作之间的关系进行界定,对网络危机合作与管理进行分析,从而提出未来网络危机管理的六条建议。

一、一般危机管理的特点和任务

该报告认为,一般危机管理是一种体制和组织设计的过程,展现的是决策者的作用和行动。在解决各种危机时主要涉及 5 项任务,分别为危机管理意义判定、意义确定、决策、终止和学习。其中,意义判定是要确定引发危机的事件和起因,评估与危机息息相关或完全无关的信息,以开展危机预警和监测活动;意义确定发生在意义研判之后,涉及出于建立或维持信任目的的各种框架性问题和象征性信息,对危机态势的理解要告知他人,以便使其对危机进行认识并了解采取某些行动的原因;决策是指在法律和民主约束,以及有限资源、时间条件下,为解决问题而实际采取行动,还包括制定管理现有危机的最高目标,指导各项行动等;终止是决策者决定危机最终结束和危机管理组织可以解散的一项活动;学习活动可提供机会,改善和修复因危机而暴露出的系统漏洞,并生成一种预警和监测机制,为新的危机事件管理的意义研判提供基础。

二、危机管理面临的挑战和解决途径

报告指出,危机管理者在应对危机时面临诸多挑战。这些挑战覆盖意义研判、意义确定、决策、终止和学习这 5 项危机管理的重点任务,包括是否已建立相应组织来收集和响应预警信息,如何解决信息可信度不高,以及协调完成决策,选择适当时机终止危机管理和提升危机管理能力等。

报告还认为,上述挑战都有可能反复出现,因此危机管理大部分工作都集中于沟通,各方要通过监测、证实、假设、协调、建立、通知等形式,对危机管理需求和所建议的解决方案进行沟通,调整管理方案,从而实施最佳的危机管理。

三、网络危机合作与管理的六大构成要素

报告认为,一般危机管理为网络危机合作与管理提供了基础,但在网络危机合作与管理中,沟通也是一个不可忽视的问题。为此,有六大要素要重点予以考虑。

（一）网络危机意义研判

报告指出，与一般危机相比，网络危机事件不会太明显。在被发现或造成更大损失之前，网络危机可能已持续很长一段时间，并且很难判定危机的范围及其可能的后果。网络危机可能会超出真实世界上的地理和政治边界。因此，网络危机的意义构建过程与其他类型危机相比有本质上的不同。报告认为，传感系统和其他监测活动或机制对于意义研判十分重要，专家的解读和分析同样重要。许多国家的网络安全机构（或计算机应急响应小组）已经针对预警信号建立了事件监测传感器。监测机制一般包括：受到入侵时的门禁报警系统、监测异常票务系统、先进的系统检测、网络传感器、监视、开源情报、私营企业报告、其他国家的报告和媒体报道。

（二）网络危机意义制定

报告指出，网络危机管理经常嵌入在一般危机管理活动中，很难被监测到。将网络危机管理独立于一般危机管理的认识正在欧盟范围内逐步认同。在此过程中，许多专家指出，需要在技术和社会术语之间，以及对网络相关问题不同看法之间达成共识。网络危机参与者间的相互谅解对提高网络危机管理效果至关重要。专家建议，可在欧盟层面，通过安排专题性的年度学术研讨会、会议、训练和演练提升各参与者之间的理解，并进行广泛的信息交流。

（三）网络危机决策

报告认为，网络危机决策过程包括建立通用流程图、态势感知报告、分析、响应、恢复等。其中，通用流程图对于意义确定和终止过程至关重要，与态势感知一起构成决策基础。

在处理网络危机时，可建立独立于一般危机管理的网络危机管理功能系统，协调处理网络事件与公私领域的各种关系，同时还可为一般危机管理系统提供决策信息和专业知识。此外,还要将决策和危机管理责任赋予一般负责该地区或功能的人员、组织或机构,通过合作来协调和管理网络危机。在某些情况下,决策责任的大小取决于网络危机的严重程度。专家建议,在国家层面上,政府要承担所有网络危机管理职责。至于特定的网络威胁,则应由相关部门负责。

(四)网络危机终止

报告指出,一般危机管理与网络危机管理之间最大的不同点是一些因素会造成网络危机的终止,应明确了解网络危机是否结束、网络危机的政治后果和责任问题。网络危机终止有时会受政治因素的影响,如"火焰"和"棱镜"两个网络危机事件都引入了政治因素。

简而言之,在技术层面对网络危机进行终止只是终止危机工作的一小部分。网络危机终止一样充斥着"人的问题",必须要与其他类型的危机一样在危机被宣布结束前得以解决。

(五)网络危机学习与改革

报告指出,目前对网络危机处理方式的学习与改革常常受两方面因素影响。当其发生时,会成为一个引人注目的事件,表明其变革的必要性。另一方面,一旦危机结束,变革的需求就会很快消失。比一般危机管理程度更高的是,在网络危机管理中需要掌握和协调的大量信息,加之网络危机本身具有的复杂性就决定了其很难进行学习和改革。政治和技术两方面因素使网络危机管理后的学习和改革面临诸多挑战。

(六)网络危机沟通

报告指出,危机沟通对于支持决策活动至关重要。决策者无法理解的技术术语总是使网络危机沟通变得很困难。在某些情况下,网络中心必须要发挥联络作用,建立与决策者、媒体、大众和技术人员的联系,且必须要将技术部门与其他部门分开,最大限度地减少出现误读的可能性。鉴于媒体自身对技术信息的误读,还存在一些媒体所报道的误导信息的情况。

四、加强网络危机管理的六条建议

该报告在最后提出了未来加强网络危机管理的六条建议:

一是开发一个通用网络危机管理术语表。建议由欧洲网络和信息安全局起草并公布网络危机管理通用术语和定义表,作为欧洲地区网络危机管理战略、标准和指南的重要参考。

二是就有关网络危机管理尽快达成更广泛意义的共识。建议要在欧洲地区就网络危机管理这个题目进行一系列研究,研究重点包括:欧盟成员国网络危机机制比较,技术层面与决策者的角色与互动,针对危机管理中网络中心作用与功能的进一步研究。此外,还应赋予欧洲网络和信息安全局或其他欧盟机构组织开展国际研究的职责,依据研究重点而定。

三是启动有关活动,加强对网络危机管理的认同。建议在欧洲范围内推行网络危机认同构建活动,如针对特定受众的教育项目、研讨会、讲习班,主题包括:从技术角度看网络危机,从决策角度看网络危机,理解网络危机管理的程序,网络风险、漏洞和威胁及其可能的后果。总的来说,这应是网络安全界的责任,应由欧洲各国组织制定计划。

四是支持开展网络危机管理训练和演练。鼓励针对特定功能和行业的针对性演练,还应定期实施针对重要社会功能和关键基础设施的网络危机管理演练,应在各层级大范围地组织训练与演练活动。

这些训练与演练活动应由各国政府、相应的公共组织和机构,以及较大的私营公司负责组织实施。报告还鼓励由诸如欧洲网络和信息安全局的欧盟机构就网络危机管理演练提供数据和思路。

五是支持发展和共享战略网络危机管理程序。建议利用共享术语制定国家和欧盟层面的网络危机管理方案,对管理复杂性和网络的互联本质,以及对在欧洲环境中网络危机和事件的升级给予特别的关注。除进一步改进有关网络危机管理程序外,还应对在业内实现程序共享,以及其他相关最佳实践给予关注。

报告还建议,欧洲网络和信息安全局要与相应的欧盟成员国一起,鼓励开展最佳实践方案的推广,还要通过训练和演练为开发新的最佳实践提供支持,或是为分析和评估而进行的实践测试提供支持。

六是加强私营和公共组织之间的信息共享与合作。建议在私营和公共机构之间实现信息流共享,并创立适用于网络危机管理的规范指南,包括开发一般模板和模型,将重要信息作为秘密由大型私营企业和其他参与者进行保管。

报告认为,这不仅是欧盟机构的责任,也是网络危机管理界及相应的欧盟成员国机构的共同责任。

专题五：2013 年英国网络安全战略实施效果与 2014 年展望

2013 年 12 月,英国内阁办公室相继发布《国家网络安全战略目标的进展》和《我们的未来计划——英国网络安全战略报告进展》报告。前者重点论述了 2013 年英国在打击网络犯罪、促进经济增长、保护网络空间利益等方面取得的重要进展。后者明确指出 2014 年英国在网络安全领域的六项工作重点。

一、打击网络犯罪领域的进展

在打击网络犯罪领域,2013 年英国主要在以下几个方面开展了一些工作:

一是成立预防网络犯罪的机构。2013 年 10 月,英国成立国家预防网络犯罪署(NCCU),该署作为国家预防犯罪总署的一个分支机构,致力于打击日益严重的网络犯罪。成立数周后就与美国联邦调查局及 80 多个国家的工业界通力合作,成功破获一起计算机网络诈骗犯罪。此外,英国政府还在 9 个地区启动了预防有组织网络犯罪署的组建工作。

二是增强执法机构的网络能力。警务学院已经把网络调查技能纳入数千英国警官的培训中。国家预防犯罪署还加大对情报分析和利用技术的研发投入,进一步提升发现恶意软件、应对网络威胁的能力。根据英国内阁办公室 2013 年 12 月发布的《国家网络安全战略目标的进展》报告公布的数据显示,2013 年 4—8 月,英国各级组织提交的有关网络犯罪的记录总数近 10 万份。

三是政府通过提供数字服务等方式应对网络欺诈。英国海关与税务总署通过在线指南和推特网站每天向客户提供网络安全建议,2013年 1 月以来,已有超过 20 万的纳税人通过浏览海关与税务总署网页获得了相关提醒信息。同时,总署还就 20 余个犯罪案例进行了详细分析,避免了 4000 万英镑的损失。从 2011 年 1 月起,总署已关闭 2300 多家不诚信网站。

四是加强国际合作。国家预防网络犯罪署正在与美国、澳大利亚和欧盟国家合作,为全球联合网络调查开发有效模型,并且努力提升从源头打击国际网络犯罪的能力。截至 2013 年 11 月,已有 40 个国家成为《打击国际网络犯罪的协定——布达佩斯协定》的签约国,另有 11 个国家正在履行相关缔约手续。

二、网络空间安全交易领域的进展

一是编制网络安全指南。为确保英国公众和企业在网络空间的安全交易,英国政府制定了网络安全指南。截至 2013 年底,已有 7000 多家企业下载了最佳网络安全指南——"网络安全 10 步法"。达沃斯世界经济论坛 2013 年年会也认可了该指南确定的"安全 10 步法"。为深化服务,2013 年 4 月,英国政府还针对更小企业的需求推出了为其量身定做的专用指南。

二是向大公司和重点企业提供更多的支持和帮助。为帮助上述企业免遭网络攻击,国家基础设施保护中心发布了一系列以网络安全为中心的指南,用以提升其应对网络威胁和漏洞的意识。同时,该中心还为这些企业提供工业控制系统高级管理人员和工程师方面的培训,其目的就是要全面提升上述企业应对网络威胁的能力。

2013 年 4 月,英国政府发布了其年度网络破坏调查。调查显示,93% 的大型组织和 87% 的小企业在 2012 年遭受了一次网络攻击,企业界的网络安全意识正在迅速上升。

三、促进经济增长领域的进展

2013 年 5 月,英国政府发布《英国网络出口战略》,并与工业界联合建立"网络成长伙伴关系",大力开拓国内外两个市场,努力提升工业界开拓海外网络产品市场的意识,鼓励英国网络产品出口,实现全球性的信息共享。为加大对企业创新活动的支持,英国政府自 2013 年 4 月推出网络安全创新券,网络安全创新券由技术战略委员会负责统筹管理,用以鼓励企业从其外部获得知识援助,帮助其发展。据不完全统计,网络安全创新券已使英国中小企业获得了 50 万英镑的资助。

四、更有弹性地应对网络攻击能力领域的进展

一是成立新的国家网络事件管理机构。2013 年,英国成立了国家计算机应急响应小组(CERT – UK),该小组与政府、工业界、学术界和国际合作伙伴紧密合作,共同应对英国和国际上发生的网络攻击事件。此外,还成立政府信息风险高级业主办公室(OGSIRO),为所有主要的政府 IT 项目,以及通用基础设施组件和服务提供适合且有效的风险管理制度。

二是加强演练以确保关键国家基础设施能够应对网络风险。2013 年,英国政府举行 10 次演练,30 个工业伙伴及 25 个政府部门和机构联合对关键部门的网络响应能力进行测试。

三是编制应对网络攻击指南。2013 年,国家基础设施保护中心与工程和技术研究院合作,推出"已建成环境的网络安全和弹性指南",其中列出了一系列应对管理风险的措施。8 月,政府通信总部和国家基础设施保护中心正式发布了两个网络事件响应计划,旨在为遭受网络攻击的机构或组织提供政府服务。与此同时,2013 年英国还加强政

府 IT 系统的保护。英国通信电子安全小组（CESG）发布安全指南,用以指导使用 11 个常见台式机和移动终端的公共部门开展工作。该指南就设备的安全使用和配置进行了规定,以满足日常工作的安全需要。

五、保护网络空间的国家利益领域的进展

英国政府通信总部正在持续加大对新能力和技术基础设施的投资力度,以提升政府防御和保护英国免遭网络空间复杂威胁的能力,同时继续加强军队和军队供应链的网络安全管理,并把网络安全纳入国防规划和军事行动的主要考虑因素。2013 年 5 月,英国成立了联合部队网络大队,继续把网络纳入其研究计划的主流。2013 年,它已经投资于网络标准和最佳实践的跨政府研究,并与国防科学和技术研究院共同完成了 7 个网络相关项目的研发工作。

六、塑造一个开放、充满生机和稳定的网络空间领域的进展

英国政府认为,英国对国际领域的网络合作做出了重大贡献:一是,2013 年 6 月,政府与专家联合发布报告,对网络空间国家行为进行了规范;二是,2013 年 11 月,推动欧洲安全与合作组织的 57 个参与国通过了网络空间的多边协议。上述两个文件为网络领域的多边合作奠定了基础,并将致力于增进理解和减少网络空间的冲突风险,为 2014 年进一步的合作提供了可能。

10 月,英韩两国政府还紧密合作,组织召开了网络空间首尔会议,主题为"通过一个开放和安全的网络空间实现全球繁荣——机会、威胁和合作"。2013 年,英国还创建了一个网络能力建设基金,该项基金主要用于英国对东南亚合作伙伴进行的培训,并于 2013 年 6 月用该项基金资助破获了一个全球性的诈骗团伙。此外,英国还与欧盟成员国和

研究机构共同研究推出新的欧盟网络安全战略,已于 2013 年 2 月发布。

七、构建网络安全技能和能力领域的进展

2013 年,英国通过在各级教育中增加与网络相关的内容,与工业界和学术界合作伙伴合作,鼓励学生通过见习等方式提升网络技能;开展了一系列针对警察和律师的培训,已有 5000 名警官和 1000 名皇家检察署的律师接受了培训;发布安全和情报机构新的高级实习计划,吸引拥有良好网络技能的人员为其工作;国防部还在克兰菲尔德大学开设了 2 个研究生培训点,目前有 50 名国防部人员正在学习网络研究生的相关课程。

八、网络研究领域的进展

为改善英国的网络研究能力,保障英国能够在该领域处于世界领先地位,英国在大学建立了 11 个网络安全研究的学术卓越中心,并在牛津大学和伦敦的皇家霍洛威大学创办了两个网络安全博士培养点。截至目前,"网络安全科学"研究所已运行一年,第二个研究所业已建成。2013 年,英国政府还宣布将在伦敦帝国学院成立针对可信工业控制系统的第三个研究所。

九、增强大众网络意识领域的进展

2013 年,英国政府与工业界合作通过"威胁无处不在"等群众性教育普及活动,使 400 万人提升了安全意识,并逐步认识到网络犯罪的威胁正在增加。持续开展"获得上网安全"(GSO)运动,2013 年,推出系列运动,如情人节、移动 5 月、假日欺诈、机票诈骗、汽车诈骗、父母运动

和圣诞节专项等。上述活动的开展,有效提高了民众对 GSO 网站的点击率。

总之,2013 年,经过政府和企业的共同努力,英国已基本实现了《英国网络安全战略》所确定的四大目标。为更好地开展工作,英国内阁办公室于 2013 年 12 月发布题为《我们的未来计划——英国网络安全战略报告进展》的报告,明确指出 2014 年英国在网络安全领域的工作重点集中在以下几个方面:

一是扩展网络安全信息共享伙伴关系。英国将扩展网络安全信息共享伙伴关系(CISP),到 2014 年底其成员公司达到 500 个。未来一年,政府将通过《国家网络安全计划》(NCSP)为小企业提供 50 万英镑的资助,这些资金将来自技术战略委员会。

二是制定并推广网络安全组织标准。2013 年,英国政府支持工业界主导开发网络安全组织标准。2014 年,英国将鼓励企业采用该标准,政府将与工业联合会和贸易协会合作,鼓励其会员率先采用该标准。此外,英国还将与美国合作,加强标准间的互通,以增加标准的使用范围。

三是成立英国国家计算机应急响应小组(CERT – UK)。该小组于 2014 年初开始为企业提供服务。CERT – UK 研究制定一个针对性强的演练方案,以确保关键部门能够发现并提前应对破坏性网络攻击,对其潜在影响提前做好预案。该方案是在金融部门最近使用的"不眠鲨鱼"Ⅱ的应急演练方案基础上开发的,由英格兰银行投资,使用了 CISP 平台。

四是加强网络领域的国际合作。继续拓展和加强双边和多边关系,并通过欧盟、北约、联邦和其他实体的工作,开展国际合作。继续加强有关网络犯罪的跨国执法工作。与其他国家保持合作以提升打击网络威胁的能力,同时与全球更多伙伴包括研发机构加强合作。

五是注重学生的网络教育。在小学,英国政府将继续支持"使 IT 快乐"项目的开展。要与更多机构合作,确保在中学开设新的计算机课程,重点是计算机应用及编程基础。通过上述活动的开展,使所有英国学生都能够获得网络安全领域的培训。开展网络安全领域的竞赛活动,一年举行两次地区级或国家级的相关竞赛。在大学,要把网络安全列为专门学科,编写教材,到 2014 年 3 月,该教材将在 8 所大学试用。与网络安全技能联盟联合开展网络硕士学位授予点的认证工作,并规范现有网络硕士学位授予点的教学活动。

六是增强对网络安全职业的认知。通过"网络安全挑战"项目增强对未来的网络安全职业的认识。与"电子技能英国"合作,更多地吸引学生参与网络实习。2014 年为雇员、学生、毕业生和实习生编写更好的实习指南和教材,全面铺开"学习路径"计划。利用 NCSP 投资,开发一个巨大的开放式在线培训课程。该课程有望使 20 万名学生受到教育。该报告称,2014 年 1 月,内政部还启动一项重大公共安全教育活动。

专题六：美国网络司令部正式进入作战值班状态，网络空间一体化管理体系基本建成

据《华盛顿邮报》2014年6月19日报道，美国网络司令部已进入实战阶段，其"国家任务部队"已具备封锁、攻击敌方网络和应对网络攻击的能力，并在2013年已开始跟踪、探测海外敌人对美国关键计算机网络发动的攻击。这表明，美国致力于建设完善网络空间管理模式、提升网络空间行动能力的目标已初步达成。为达成该目标，美国已从管理机构建设、顶层设计、军民协作、国际合作等方面采取多项措施。

一、建立分工明确、多方协作的管理体系

目前，美国的网络空间管理体系主要由政府、军队和部际合作机构三个层面构成，它们之间明确分工，形成体系，互相协作，共同保障美国网络空间的快速发展和安全运行。

（一）政府层面，白宫统一协调，各部门各司其职

美国设立网络安全协调办公室，在其统一协调下，各部门各司其职，形成政府层面的网络安全管理体系。其中，国防部制定网络空间整体发展战略和政策，运行和保护国防信息系统和网络；国务院负责与网络安全相关的外交工作；国土安全部作为联邦政府确保网络安全的核心机构，协调全美网络安全告警和关键信息基础设施信息共享；联邦调查局负责美国国内恶意网络活动的调查处置；中央情报局、国家安全局

负责应对国外网络空间恶意活动;商务部制定与网络安全相关的标准和框架;财政部、司法部也承担了一些辅助性管理工作。

(二)军队层面,网络司令部抓总,各军种相互配合

美军网络司令部于 2009 年成立,主要负责规划、协调、集成、同步和指导网络作战活动,各军种也建立了网络作战指挥机构以支持网络司令部。网络司令部向国防部首席信息官提出作战与信息保障需求,首席信息官据此制定具体政策、流程和标准。2013 年,美国国防部对网络司令部进行调整,将其下辖力量划分为网络防护部队、国家任务部队和作战任务部队三类,使其职责更为明确。其中,网络防护部队负责保护军队的网络安全;国家任务部队负责保护美国电网、金融机构及其他关键基础设施的网络安全;作战任务部队负责为地区作战指挥人员提供网络攻击能力。目前,网络司令部有近 2000 名在编人员,计划到 2016 年底达到 6000 人。

2014 年,陆军已经开始致力于提升军级及以下部队的网络空间能力;同时,陆军正在建设新的网络司令部总部,将在 2018 年至 2019 年竣工。2014 年,美国空军成立联合部队网络司令部,负责规划、准备和执行网络空间行动,支持作战指挥官的目标,该司令部在 2013 年 10 月具备初始作战能力,目前负责与被支援的作战司令部和美国网络司令部对接,并提供对分配的网络部队的指挥控制。2014 年,美国海军成立信息优势部队司令部,该司令部将合并美国海军网络部队司令部、舰队网络司令部、海军气象和海洋司令部、海军情报局的任务、职能和工作,重点发展保障指挥与控制、战场感知、网络一体战三大能力,根据计划,该司令部 2014 年 10 月 1 日初步形成作战能力,2014 年 12 月 31 日全面运行,完全形成作战能力。

(三)部际合作层面,成立跨部门机构,加强彼此间的协作

美国已形成一个覆盖国土安全、情报、国防、执法四个领域的网络

空间事件应急体系,成立了跨部门的计算机应急响应小组、国家电信协调中心、国家网络安全中心、工业控制系统网络应急响应小组、国家响应协调中心、国家基础设施协调中心、国家网络调查联合特遣队等机构,有效加强了部门间协作,提升了处理网络空间紧急事件的能力。

二、从顶层设计指导网络管理工作

(一) 构建国家顶层战略政策体系,宏观规划网络力量总体建设

美国进一步提高了网络安全在国家安全中的战略地位,通过制定或修订政策和法律框架,指导政府网络安全管理工作。近年来,美国从外交、经济、情报、军事和技术等角度宏观规划美国网络空间力量总体建设,密集出台了《网络空间国际战略》《网络空间可信身份认证国家战略》《国防部网络空间行动战略》《可信网络空间:联邦网络安全研发战略规划》等文件等战略与政策,基本构建起国家顶层的战略政策体系。

(二) 出台作战顶层指导文件,细化网络作战管理

除制定战略、政策外,美国国防部注重发展网络空间军事能力,并出台一系列网络作战顶层文件,指导网络作战管理,细化各机构的权限与职责。《美国网络司令部作战概念》1.0版确定了网络司令部在作战中与各军种和地区司令部之间的指挥协调关系。2012年颁布的《参联会网络行动过渡性指挥与控制方案》,将更大的网络攻击与防御权授予各地区作战司令部,在每个战区建立联合网络中心和网络保障单元部队,按照地区作战部队的作战计划和行动来规划和实施相应网络行动,将网络行动与作战行动集成,使作战效果最大化。为规范网络作战,2013年,以美国为首的北约发布《适用于网络战的国际法——塔林手

册》，明确了北约国家发起网络攻击时应遵循的原则，以及抵御网络攻击时可采取的反制措施。2014 年，美国陆军、空军、参联会先后发布网络空间作战条令，明确了相关人员和机构在网络空间作战中的职责，为网络空间作战提供了条令依据和方法指导。

三、以军民协作和国际合作方式加强管理

（一）建立专门机构协调指导网络空间技术发展

美国建立了网络科技重点指导委员会（PSC），指导网络空间技术的发展，该委员会由负责研究与工程的助理国防部长领导，由 NSA、DARPA、DISA 及各军种研究实验室等各机构代表组成，在 PSC 的协调与指导下，各机构具体落实技术研发工作，其中，NSA 重点研发密码技术和可信系统，构建大规模高速环境，DARPA 重点研发具有突破性、前沿性的网络技术，DISA 重点研发与全球信息栅格等网络相关的网络安全技术，各军种研究实验室重点研发可支持网络作战的对抗性技术；同时，美军还加快吸收各类商用网络技术。通过这种模式，美国可以更高效地解决人才、技术、管理和资金方面的矛盾。

（二）利用军民机构协作强化应对网络攻击

美军已与国土安全部、能源部、联邦调查局、中央情报局、国家安全局等机构建立了跨部门协作机制。攻击源头经确定在海外，由网络司令部、中央情报局、国家安全局负责应对；攻击源头在国内，则属于联邦调查局、国土安全部的职权范畴。此举可有效提升政府处理网络空间紧急事件的能力，同时减少网络空间管理机构的重复建设。

（三）通过国际合作建立共同应对网络威胁的机制

美国政府非常重视加强与他国管理机构的交流与合作，先后与欧盟、韩国、日本等国建立合作关系。2010 年，美国和欧盟初步达成覆盖

网络空间军、民领域的合作战略。2012 年，美军和日、韩等国军队加强了在网络领域的合作。2013 年，美国与日本达成协议，加强两国网络空间管理机构在网络威胁信息共享、国际网络安全政策协调合作、打击关键基础设施网络威胁等领域的合作。

专题七：2014年美国网络空间作战力量建设发展动向

2014年3月，在新发布的《四年一度防务评审》报告中，美国提出计划在2016财年结束前，建设133支"营"或者"中队"规模级别的网络任务分队。这表明，美国目前正在细化网络司令部职责，重点打造"网络空间精英部队"。

一、网络司令部着力打造精锐网络部队

为进一步拓展网络部队承担国家任务的职能，美国网络司令部大力扩充其专业队伍。2014年3月28日，在前美国网络司令部司令基思·亚历山大的退休仪式上，美国国防部部长哈格尔表示，国防部今后的重点之一就是延续亚历山大任期内扩编和培训网络部队的做法，计划在2016年将网络司令部由专业人员构成的网络部队增至6000人，将继续发展其"全谱网络能力"，网络司令部将建立一支"精锐和现代化的网络部队。"

对美国网络司令部而言，网络任务分队是最基本的作战单位，规模从50～100人不等，每个分队都具备特定的职能，并且使用不同的技术，这些分队由现役军人和后备役军人组成，并由中级官员进行指挥。133支网络任务分队根据职能任务划分为三支部队：一是国家任务部队，包括13个网络国家任务分队与8个国家支持分队，其主要任务是防御对美国重要基础设施和关键资源的战略性网络攻击。国家任务部队通过监视外部敌人的网络活动阻止攻击，其重心是国家战略防御，不

会在私营部门网络或美国境内开展行动,其部分工作是对国外网络开展侦察,以观察敌人使用服务器的通信流量,必要时还可以协助联邦调查局进行刑事调查。二是作战任务部队,包括 27 个作战任务分队与 17 个作战支持分队,任务是按照区域和功能作战指挥官的要求,对任务目标予以支持。作战任务分队主要负责进攻性网络空间作战,进行削弱、破坏和摧毁敌方基础设施和能力,遏制对手达成目标。通过支持信息作战、为常规部队提供方便及打击敌方网络部队,为作战指挥官的作战计划提供补充。作战任务分队将负责全球作战支援,为作战指挥官提供优先考虑事项及任务支持。三是网络保护部队,包括 18 个国家网络保护分队、24 个部队网络保护分队及 26 个作战司令部和国防部信息网络的网络保护分队,主要任务是保护国防部的信息环境和美国关键军事网络。

二、各军种持续组建和调整优化网络部队

2014 年 10 月 13 日,美国陆军网络司令部司令爱德华·卡顿在一个会议上介绍陆军网络力量建设进展时称,陆军网络任务部队建设进程已完成近一半,陆军网络部队人员招募工作进展顺利,已开始着手提升军以下(含军级)部队的网络空间行动能力,并启动了新的网络司令部总部建设工程,预计在 2018—2019 年竣工。2014 年 9 月 5 日,美国陆军启动"网络防护旅"(Cyber Protection Brigade)的组建工作。该旅由若干排规模的团队组成,人员构成包括士兵、士官、军官和文职雇员,主要任务是进攻性网络作战或网络防御。网络防护旅将为美国陆军提供更加灵活快速的网络空间作战力量。2014 年 10 月 7 日,美国陆军国民警卫队成立第一支网络防护分队(第 1636 分队),主要负责执行网络防御、检测、漏洞评估等任务。未来,美国陆军国民警卫队计划再成立 10 支网络防护分队。此外,美国陆军人力资源司令部 2014 年 3 月建立网络分部,旨在为网络部队士兵提供职业发展管理和服务。

美国空军网络司令部司令麦克劳克林2014年8月接受采访时称，美国空军网络部队作战化和正规化建设取得重要进展。一是从"网络保障思想"转向"任务保障思想"；二是部队结构进一步标准化和正规化，网络战联队和信息作战联队转型为网络空间作战联队；三是参与一系列防御型网络空间行动和任务保障；四是细化了参与演习和联合任务的程序；五是明确六种网络空间武器系统，正规化网络空间能力预算和保障机制；六是组建、训练和装备空军的网络任务部队。美国空军已设立了联合部队网络司令部（Joint Force Headquarters – Cyber），负责规划、准备和执行网络空间行动，支持作战指挥官的目标。该司令部在2013年10月具备初始作战能力。目前负责与被支援的作战司令部和美国网络司令部对接，并提供对分配的网络部队的指挥控制。

2014年10月1日，美国海军成立信息优势部队（Navy Information Dominance Force, NAVIDFOR）司令部。该司令部将合并美国海军网络部队司令部、舰队网络司令部、海军气象和海洋司令部，以及海军情报局的任务、职能和工作，重点发展保障指挥与控制、战场感知、网络一体战三大能力。根据计划，该司令部2014年10月1日初步形成作战能力，2014年12月31日将全面运行，形成完全作战能力。海军信息优势部队司令部的成立有效推进了整个海军识别能力的提升。2014年8月，美国海军成立一支名为"网络觉醒特遣队（TFCA）"的网络安全防护部队，编制100人，主要承担协议分析、漏洞发现、网络态势感知、计算机网络访问控制等任务，旨在保护计算机网络和提升整个海军的网络安全防护能力。

三、注重加强网络部队培训和人才培养

美军非常注重网络部队的训练和人才培养。2014年3月，时任美国网络司令部司令的亚历山大在参议院军事委员会的演讲中表示，尽管受到预算缩减影响，但过去一年网络任务部队训练已取得重大进展。

网络司令部正在从两个层面对网络部队展开训练。一是在团队层面，网络司令部专门制定了严格和成熟的培训程序，每个网络任务分队都必须严格依照联合作战标准进行训练。二是在人员层面，网络司令部充分利用军事院校和国家安全局的能力与资源，对网络任务部队的每一名成员进行培训。网络司令部专门编制了训练和备战手册，为网络参谋官开设了"暑期学校"，设置独立的网络军事教育专业，为军队培养高素质的专业网络人才。为提高效率，网络司令部对已在部队服役，或在国家安全局工作过的网络人员建立了相应的个人信用档案，避免他们进行重复学习。网络司令部为网络分队的各类人员建立了工作资历记录，以便建立网络部队人员所需的知识、技能和能力标准。此外，亚历山大在第四届网络安全峰会上称，美国网络司令部正在实施一项为期数年的计划，以便使各军种能够对其所属部队组织有效的培训，2013年，陆军、海军和海军陆战队所属人员有1/3的人员接受了培训，2014年和2015年将再各自培训1/3。

美国国防部部长哈格尔2014年上半年曾表示，要推动"网络安全军团"项目的进一步实施，联邦调查局和五角大楼计划于明后两年增加6000名网络安全技术人员，并通过提供大学奖学金来鼓励计算机人才加入此计划。国家安全局的"网络作战计划"在2014年新吸纳五所大学参与，并设立学术卓越中心招募训练有素的大学生。国家安全局还组织军队院校开展"年度网络防御演习"，以网络防御竞赛形式培养人才。美国军事院校也新增多个网络人才培养项目，2014年4月8日，美国西点军校称计划成立网络战争研究院，为国家网络政策制定及国防部储备高级网络人才，未来三年将培养75名网络军事人才。美国空军学院2014年8月宣布开设新的计算机网络安全专业，旨在培养精通技术的复合型网络空间作战人才。

四、积极通过网络演练提高实战能力

网络司令部定期与20多个一级作战司令部、联盟和内部机构开展联合网络军事演习,主要包括"网络旗帜"和"网络卫士"演习,这些演习正变得越来越复杂,并直接与联军条令和武力模型相匹配。网络司令部还研发并部署了一些网络工具,从战术层面提高指挥官和作战人员对网络作战概念、作战流程和工具的熟练程度。

"网络旗帜"系列演习2011年开始,于每年11月在内华达州的内利斯空军基地举行,是美国网络司令部组织的年度性联合网络空间培训演习,参演人员包括作战人员、海岸警卫队、预备役、平民、合同商以及各作战司令部和国防部相关业务局。演习目的是检验参演人员面临真实网络空间攻击事件时,应对动态的和高技能网络空间对手的准备程度,积累网络作战行动的战术、技术和程序的知识与经验。

"网络卫士"演习以保护美国政府关键基础设施免受入侵为目的,注重机构间协调配合。2014年7月,美国政府举行一场为期两周的大规模网络演习"网络卫士14-1",来自军队、执法部门、民间机构、学术界、商业界和国际盟友的550余人参演。演习目的是检验军队和联邦机构如何在战役和战术层面相互配合,以保护美国国家网络基础设施,预防、减轻这些基础设施面临的网络攻击并迅速从攻击后恢复。美国网络司令部牵头组织了此次活动,美国联邦机构分别按照担负的角色任务,对针对美国国家关键基础设施的攻击做出反应。

网络空间成为美国空军"红旗"演习的新战场。2014年10月,美国空军第24航空队在内华达州内利斯空军基地开展了"红旗"军演。演习历时三周,旨在培训新一代网络作战人员,检验全谱防御和进攻作战,增强美国及其盟国空中、太空及网络空间作战人员的团队作战能力。"红旗"演习历来主要关注航空领域,随着网络战频频运用于现代局部战争,2007年"红旗"演习首次加入网络战演练内容。内利斯靶场也是承担网络战演练的重要基地,并成立了第57和第177信息假想敌中队,专门用于演练网络战战术。

专题八：2014 年网络空间重大安全漏洞及美国漏洞扫描领域发展情况

随着网络空间内部的信息系统、网络日益复杂，以及相关软件应用规模的大幅增加，网络空间安全漏洞数量也快速增长。2014 年，网络空间先后出现"GoToFail""GnuTLS""心脏出血""破壳"等重大安全漏洞，这些漏洞给网络空间安全乃至整个国家安全都带来极大隐患。

一、2014 年网络空间重大安全漏洞

（一）"GoToFail"漏洞

2014 年 2 月，苹果公司发现其 iOS 操作系统、OSX 操作系统和 Safari 浏览器等产品中，存在"GoToFail"漏洞。该漏洞主要是由苹果软件代码中的一行多余的错误代码引发，黑客可利用该漏洞，发起"中间人"攻击，从而窃取苹果用户的敏感信息。

（二）"GnuTLS"漏洞

2014 年 3 月，红帽公司发现，用于实现 TLS 加密协议的函数库 GnuTLS 中存在巨大漏洞。"GnuTLS"漏洞影响范围相当大，广泛存在于 Red Hat、Ubuntu、Debian 等 Linux 操作系统及 300 多种相关软件中。黑客可利用该漏洞发起中间人攻击，以窃取相关用户的敏感信息。

（三）"心脏出血"漏洞

2014 年 4 月,谷歌公司和 Codenomicon 公司相继发现,OpenSSL 协议中存在名为"心脏出血"的严重安全漏洞。由于 OpenSSL 协议广泛用于各大网银、在线支付、电商网站、门户网站、电子邮件等重要网站,因此全球约 2/3 的网络服务器都受到"心脏出血"漏洞的影响,黑客利用该漏洞很容易读取系统的运行内存,从而获取用户密码等隐私信息。

（四）"破壳"漏洞

2014 年 9 月,红帽公司发现,在 Linux 操作系统中广泛使用的 Bash 软件,存在一个名为"破壳"的漏洞。黑客可以利用该漏洞完全控制目标系统并发起攻击,该漏洞对采用 Linux 操作系统的网站服务器、物联网产品、工控设备的影响非常大,其严重性甚至超过了"心脏出血"漏洞。

二、漏洞扫描——发现网络空间安全漏洞的"利器"

（一）漏洞扫描简介

为有效保障信息系统和网络的安全运行,有必要在攻击行为发生之前就消除计算机系统内部的安全漏洞,漏洞扫描就是其中最常用的技术手段。

漏洞扫描是指基于漏洞数据库,通过扫描等手段对指定的远程或者本地计算机系统的安全漏洞进行检测,发现可利用的漏洞的一种安全检测行为。漏洞扫描主要针对软件中存在的漏洞,硬件漏洞很难被检测出来。

漏洞扫描与防火墙、入侵检测和病毒防护并称安全领域的四大支柱,它因采用主动发现、防患于未然的主动防御策略而备受青睐,成为安全研究的热点。

（二）漏洞扫描工具分类

按照美国信息安全分析中心的分类,漏洞扫描工具主要分为网络扫描工具、主机扫描工具、数据库扫描工具、网页应用程序扫描工具、多级扫描工具和自动化渗透测试工具等。

网络扫描工具的代表是 Automated Vulnerability Detection System,主机扫描工具的代表是 Attack Surface Analyzer,数据库扫描工具的代表是 App Detective,网页应用程序扫描工具的代表是 Acunetix Web Vulnerability Scanner,多级扫描工具的代表是 Nessus,自动化渗透测试工具的代表是 CORE IMPACT。

三、美国漏洞扫描发展情况

美国的漏洞扫描起步最早,相关规范和标准的制定最完善,漏洞管理体系也最成熟。

美国的漏洞扫描标准最初由几家信息技术企业,如 Microsoft、US-CERT、Secunia、Oracle、FrSIRT 发起制定。经过多年的发展,已建立几个较大的、国际普遍承认的标准。这些企业和机构的安全漏洞评级体系和评级标准各有所长,但却因缺乏统一管理,为漏洞扫描带来了极大的不确定性。由于不同标准各有不同的漏洞命名方式,在漏洞分类上又存在一定程度的概念模糊和交叉重叠现象,同时各个标准下的漏洞标识符又互不兼容,使漏洞的交叉定位变得十分困难。为此,美国政府和相关非盈利组织也开始介入漏洞扫描标准的制定工作。

在联邦信息安全管理法案(FISMA)的推动下,NIST、国防部、国家安全局、国土安全部、MITRE、FIRST 等机构和组织,联合思科公司、赛门铁克公司、卡内基梅隆大学等,制定了法案实施后的基本规范和标准,如安全内容自动化协议。该标准由诸多子标准组成,如通用漏洞披露、通用漏洞评价体系、可扩展配置清单说明格式、开放漏洞和评估语言、通用配置枚举、通用平台枚举等,如表1所列。

表1 安全内容自动化协议组成

制定机构	Logo	名称	内容
MITRE	CVE cve.mitre.org	通用漏洞披露(CVE)	标准命名和软件缺陷安全辞典
MITRE	CCE	通用配置枚举(CCE)	标准命名和软件错误配置辞典
MITRE	CPE common platform enumeration	通用平台枚举(CPE)	标准命名和产品命名辞典
国家安全局	XCCDF	可扩展配置清单说明格式(XCCDF)	指定清单和报告清单评估结果的标准 XML 语言
MITRE	OVAL	开放漏洞和评估语言(OVAL)	测试过程的标准 XML 语言
FIRST	CVSS	通用漏洞评价体系(CVSS)	衡量漏洞影响标准

在这些基本规范和标准的基础上,NIST 建立了符合这些规范和标准的国家漏洞数据库,该数据库完全兼容以通用漏洞披露标准命名的漏洞,且综合了多个漏洞数据库的优点,该数据库得到了政府部门和思科等重要网络公司的支持。信息安全公司和软件公司,充分利用国家漏洞数据库中提供的漏洞信息,研发相应的自动化漏洞扫描工具。美国漏洞扫描工作的具体开展情况如图1所示。

目前,美国已经形成由政府组织协调,由软件开发商、大学、相关实验室、安全研究人员和受到网络攻击影响的企业积极参与的漏洞管理工作模式。一方面,美国政府在漏洞扫描领域扮演协调者的角色,漏洞扫描的主要技术力量和实际执行者仍是信息安全与软件公司、高校、政府组织和安全专家等,政府的规范标准制定、漏洞信息收集、漏洞发布

图1　美国漏洞扫描工作开展情况

等都离不开软件开发商、高校、政府组织和安全专家的协助与支持。另一方面,美国政府可以充分发挥自身优势,协调和整合各方力量收集漏洞信息,统一对其命名,集中管理与发布漏洞条目和标准的漏洞修补方法,给漏洞扫描工具的研发、企业自身漏洞管理工作的开展提供了极大的便利。

专题九：韩国国民因信用卡信息被泄露而产生恐慌情绪

2014 年 1 月，韩国发生史上最大规模的银行客户信息泄露事件。韩国三大信用卡公司——国民卡、乐天卡和 NH 农协卡的客户信息遭泄露，涉及 2000 万用户，共 1 亿多条客户个人信息被泄露。其后包括韩国国民银行在内的几家商业银行的客户信息也被泄露，韩国金融监督院院长、金融委员会委员长等高层人士，以及知名企业家、艺人的个人信息都未能幸免。另一方面，由于大量个人信息遭泄露，韩国短信诈骗等不法行为变得更加猖獗，韩国国民的恐慌情绪升温。为此，韩国政府采取了多种措施以维护信息安全。

一、发布"金融行业个人信息保护综合对策"

韩国政府为防止再次发生大规模信用卡个人信息泄露事件，于 2014 年 1 月 22 日发布了"金融行业个人信息保护综合对策"。该文件规定，若金融企业泄露客户信息，其首席执行官应引咎辞职，并由公司支付销售总额的 1% 作为罚金。该对策的内容还包括，全面改善过多要求个人信息的惯例，在客户停卡后删除其个人信息，防止非法泄露的个人信息被用于招揽借债人，对客户信息被泄露的金融公司处以罚款，加大对信息泄露涉案人员的刑事处罚力度等。

二、开展应对网络恐怖主义袭击的培训

随着网络犯罪的不断增加，韩国政府采取了各种措施以提高企业

应对网络攻击的能力。韩国未来创造科学部组织国内三大移动通信巨头、门户网站及安全供应商等40多家企业和机构,于2014年2月17日开始开展了为期一周的"应对网络恐怖主义袭击的培训"。

未来创造科学部将使用三级系统方案,即黑客分布式拒绝服务(DDoS)攻击、使用恶意程序泄露信息和破坏系统,来测试企业的网络危机应对能力。企业要提交应对策略及恢复期的相关报告,未来创造科学部负责对企业提交的报告内容进行审查,要求应对措施不充分的企业提交补充措施。另外,未来创造科学部还负责信息保护技术的转移和培训。

三、组建"网络安全专家组"

随着韩国金融业相继发生个人信息泄露事件,政府为防止事故的再次发生,决定培养300名民间网络安全专家,并在其中培育出对付黑客的指挥人员。韩国未来创造科学部于2014年3月中旬开始组建"网络安全专家组",该专家组由网络安全领域的300名专家组成。

"网络安全专家组"设在韩国互联网振兴院,由具有在信息保护相关领域5年以上工作经验、国内防黑客大赛的获奖者以及政府信息保护专家培训项目研修人员等组成,包括网络金融诈骗、软件、Web、移动以及数据恢复等不同领域。未来创造科学部为该专家组在各领域开展的研讨会和讲习班提供支持,并为其提供在信息保护学会上发表的机会。在遭遇黑客袭击时,该专家组成员将与公务员以及韩国互联网振兴院的职员共同组建官民联合调查团,开展相关事件的调查工作。

安全管理篇

专题一：斯诺登再曝美国国家安全局秘密监控项目

美国进行秘密监控由来已久，"棱镜"项目远非个案。在全世界范围内掀起"棱镜门"风暴的美国国家安全局（NSA）前雇员斯诺登，再曝NSA秘密监控项目。2014年6月，斯诺登透露NSA通过全球监视行动，从各地收集了数量庞大的人像，用以开发先进的面部识别软件，并实现精确定位。10月，其又曝出NSA不仅通过网络远程监控，还通过"人力情报"等方式窃取秘密信息，中国、韩国、德国都是其定点监控的主要目标。12月，斯诺登向媒体披露了一个名为"极光黄金"的秘密监控计划。NSA秘密监视全球手机运营商，以发现手机中的安全漏洞，并利用这些漏洞对手机用户实施窃听。

一、"人脸识别"秘密监控项目

6月，斯诺登披露了NSA正在采取一种全新的、全方位的方法，通过各种通信渠道搜集大量人像照片，并将其用于复杂精密的面部识别程序，以实现精确定位。据相关文件显示，NSA每天拦截数以百万计的图片，其中包括大约5.5万张"具备面部识别特征的高像素照片"。

随着通信技术的高速发展，人们越来越多地在电子邮件、短信、社交媒体等通信载体中传递信息，信息涉及文字和照片图像等内容。而NSA的监控重点已由过去的文字信息扩展至面部图像等其他能够识别目标身份的信息。NSA认为，面部识别技术的进步能够令其在全球范围内搜寻情报目标的方式"彻底变革"。

近年来,尽管面部识别技术已获得极大提升,但其仍然存在缺陷,尤其是在处理、匹配低分辨率照片,以及识别从侧面或者其他角度拍摄的人物面部照片时会存在一定困难。为此,不同角度、不同分辨率的照片会影响软件的面部识别算法,从而导致面部识别产生错误。

NSA 正在采用各种先进手段实现面部识别项目和其他数据库的结合。NSA 不仅会拦截视频电话会议数据来获取面部图像,还会搜集航空乘客数据,以及侵入其他国家身份证件数据库搜集照片。根据披露的文件显示,巴基斯坦、沙特阿拉伯和伊朗的国家数据库都曾被列为NSA 的侵入目标。

除此之外,NSA 还在考虑通过其他监控项目获取民众虹膜数据,但NSA 官员拒绝透露这一项目是否已在进行中。人类眼虹膜与指纹一样,具有独一无二的特性,可用于精确的身份识别。

二、“前哨站”秘密监控项目

“前哨战”是一个人力情报项目,它隶属于一个规模庞大的“老鹰哨兵”秘密监控项目,按照职能不同共分为 6 个项目:“鹰哨”(网络间谍)、“猎鹰哨”(网络防御)、“鱼鹰哨”(跨情报系统合作)、“乌鸦哨”(破解加密系统)、“秃鹫哨”(网络袭击),以及猫头鹰哨(私企合作),根据斯诺登的披露这一监控活动至少持续到 2012 年。

“前哨站”隶属于“鱼鹰哨”项目,是 NSA 利用人力情报资产支持的秘密监控项目,与“棱镜”等以远程网络监控的项目相比,“前哨站”则启用了更为原始但或许更有效的情报获取方式。NSA 把中国、韩国、德国列为“定点袭击”的主要目标,“定点袭击”人员被安置在大使馆和其他“海外地点”①。

NSA 之所以选取中、韩、德三国作为该项目的主要监控目标,主要

---

① 斯诺登披露的文件,没有对“海外地点”做进一步说明。

是因为这三个国家是全球电信设备制造商的主要所在地。"定点袭击"不仅仅是传统意义上的"袭击"行动,而是具有情报系统的特有指向的"定点挖取"情报。

三、"极光黄金"秘密监控项目

2014年12月,美国"截击"网站报道称NSA正在实施一个名为"极光黄金"的秘密监控项目。该项目从2010年起就开展运行,NSA对全球主要的手机运营商进行了持续监视,从中拦截获取有关运营商通信系统的技术信息,利用手机运营商通信中存在的安全漏洞窃取其手机通话、短信等信息。文件显示,NSA的重点监视对象为总部设在英国的全球移动通信系统协会。该协会有来自200多个国家和地区的800多家会员公司,包括美国电话电报公司、微软、脸谱、思科、三星、沃达丰、甲骨文、爱立信等行业巨头。该行业协会对提升全球手机网络安全发挥着重要作用,经常召开会员大会研讨相关政策与技术。这些工作会议成为NSA的重点关注对象。NSA回应称,该项目主要用于反恐需要,而不是针对"普通人"。

2014年曝光的项目充分显示出美国实施的秘密监控项目覆盖范围广泛,不仅对其"对手国家"实施全面监控,而且将其盟友也纳入监控范围,涉及政治、军事、外交、经济和民生等各个领域,每个普通个体都可能成为其监控目标。为此,亟需强化国家层面的网络安全管控,增强全民安全意识,以确保国家安全。

专题二：美国国防部发布最新版
《人员安全计划》

2014 年 3 月 21 日,美国国防部最新版的《人员安全计划》(国防部指令5200.02)正式发布并生效,有效期为 10 年,取代了 1999 年颁布的指令。新指令为人员安全计划确立了相应的政策、职责和程序,并对进入国家安全岗位的人员安全审查,以及通用访问卡的调查和裁定政策进行了明确规定,进一步强化了美国国防部联邦人员身份认证制度。

一、指令出台的背景

人员安全管理是保密管理的核心与基础。"9·11"事件发生后,美国联邦政府的保密经费支出呈现逐年上升趋势,总费用从 2001 年的 47 亿美元上升到 2013 年的 116.3 亿美元。其中,人员安全费用由 2001 年的 8.59 亿美元上升至 2013 年的 15.2 亿美元,支出主要用于对涉密人员进行各种安全审查、身份认证等方面。

美国对涉密人员安全审查的各项环节实施严格的把控。根据美国总统 12968 号行政命令的规定,任何需要接触美国涉密信息或敏感信息的人员,无论身在政府部门、军队,还是在私营机构、服务部门,均须首先经过资格审查和背景调查才能开展相关工作。接触涉密信息的人员应符合以下条件:应当是美国公民;要进行相关调查,以证明其忠于美国,性格坚强,诚实可靠,办事有节制,没有双重效忠,不受潜在利益的引诱,愿意并且有能力遵守处理、使用和保护涉密信息的规章制度;本人要做出书面承诺,在其接触涉密信息期间及以后的 3 年内,有义务配合相关机构进行财务调查、消费调查。

根据《接触秘密信息的规定》的规定，美国根据工作岗位和职责的不同，将人员资格审查分为适宜性审查和安全性审查。适宜性审查是对逻辑或者物理上接近国家秘密但不知悉国家秘密内容的人员进行有关个人品行、性格和能力的调查，该项审查由本部门配合联邦人事管理局开展。安全性审查是指对接触国家秘密人员进行的审查，该项审查由联邦调查局、中情局、联邦人事管理局和本部门共同开展。申请人员一旦通过资格审查，就可获得相应级别的安全许可证书，凭该证书才能接触相应级别的涉密信息。

"斯诺登事件"曝出后美国政府便迅速开展相关举措，弥补人员安全保密管理方面存在的漏洞。如 2013 年 6 月，美国国家情报总监下辖的国家反谍报主任办公室牵头设立内部调查机制，对"线人"安全和情报获取渠道开展安全评估，全面审查国家安全局和中央情报局等机构的安全保密机制。2013 年 8 月，国家情报总监颁布了新版《涉密信息保密协议》，规定任何未经授权就擅自披露涉密信息并对美国造成危害或无可挽回的损失的行为，都将受到法律制裁。所有需要访问涉密信息的人员，无论其从事的工作是否与情报相关，都需要与国家情报总监签署保密协议。国家安全局采取更改密码等措施，对重要数据访问和传输进行严格监督。同时，美国还加强对国防承包商和私人雇员的审查和监管，改进评估标准，缩短承包时间。

二、指令的主要内容

新指令发布的目标旨在确保处于国家安全岗位的人员是可靠和值得信赖的，其主要内容涉及进入国家安全岗位的人员安全审查程序，以及"通用访问卡"（CAC）的调查与裁定政策两大部分。

新指令指出，进入国家安全岗位的人员审查程序主要依据《访问涉密信息》（第 12968 号行政命令）、第 10865 号行政命令等。人员安全标准和审查标准主要依据第12968号行政命令、《访问敏感涉密信息和其他访问控制信息的人员安全标准和程序》《国防工业人员安全许可审查项目》(国防部第5220.6号指令)等。新指令要求,负责国家安全岗位资格审查的人员必须接受由国防安全服务局提供的全面、专业的培训计划,且在2年内通过国防部的专业认证,以确保其国家安全岗位资格审查的严格性和一致性。新指令强调,无论是否接触涉密信息,处于国家安全岗位的人员均需进行资格审查,并且在某些情况下,国防部可使用测谎仪,协助检查人员安全调查中发现的可疑信息,以帮助其做出最终判定。此外,还要求所有处于国家安全岗位的人员均需接受这种持续的安全审查。

此外,美国国防部依据联邦人员身份认证制度的要求颁发和使用CAC,新指令对CAC的调查和裁定政策进行了相应规定。新指令要求,所有申请CAC的人员必须符合人事管理办公室的资格审查标准,临时资格审查可通过国家机构审查或联邦调查局的国家犯罪记录进行调查。对于拥有良好调查记录的人员,将不再进行额外的调查。对于如果没有经过必要的背景调查的CAC持卡人,要求重新接受人事管理办公室的调查,是否颁发CAC主要依据其是否通过人事管理办公室的资格审查。

三、指令颁布的重要意义

新指令的出台反映出美国对其人员安全管理制度的不断调整和完善,健全人员安全审查程序,进一步补充和强化其人员安全管理制度。加强人员的安全保密管理是一项长期而艰巨的任务,需要根据新安全形势和新技术的不断发展,进行适时的调整和修正,以满足不断发展的人员安全发展需求。"斯诺登事件"为美国乃至世界各国敲醒了人员安全管理的警钟,美国政府通过不断完善人员安全审查的各个环节,从客观上杜绝涉密人员泄密的风险,以避免出现管理和制度上的漏洞,维护美国国家秘密安全。

专题三：美国空军发布专门指令
加强内部威胁管理

2014 年 8 月，美国空军发布名为"内部威胁计划管理"的 16 - 1402 号指令（简称"指令"），旨在进一步加速推进国防部内部威胁计划（INPT）和第 13587 号政府行政命令。第 13587 号政府行政命令明确要求要加强内部威胁管理，成立跨部门的"内部威胁工作组"，为联邦政府预防、查找和减少内部威胁制定通用规则、最低标准及指南。此次颁布的指令指出，内部威胁是指内部人员利用其职权有意或无意地损害美国国家安全，这种威胁包括间谍活动、恐怖主义、非法披露国家安全信息等。

一、指令出台背景

最近几年，美国连续发生了两起内部人员利用职务之便泄密的重大案件，对美国政府乃至国际政治都产生了深远影响。2010 年，美国前陆军情报分析员布拉德利·爱德华·曼宁利用其拥有存取政府数据库权限的职务之便，将美国海量外交和军事情报泄露给"维基解密"网站，内容涉及美国国务院数万份外交密电。此后，为维护国家安全，奥巴马总统于 2012 年正式发布了国家内部威胁政策和标准，以避免内部人员的间谍活动或未经授权外泄内部信息等行为，但随后，国家内部威胁计划一直进展缓慢，唯有美国陆军和海军颁布相关指令。

2013 年 6 月又发生了另外一起震惊世界的重大泄密案件——"斯诺登事件"，案发时爱德华·约瑟夫·斯诺登是承包美国国家安全局外包业务的博思艾伦公司的雇员,其职务是博思艾伦公司服务于美国国家安全局夏威夷机构的系统安全员。他于2013年5月携大量机密材料前往香港,并陆续将美国实施的秘密监听项目透露给《卫报》《华盛顿邮报》等媒体,这让美国政府在世人面前极为被动尴尬。曼宁及斯诺登反映出了美国情报机构在内部重要涉密人员安全保密管理方面存在的巨大漏洞,亟需全面审查机构内部的安全保密机制,强化安全保密管控力度,以遏制机构内部人员和政府机构承包商等的泄密行为。在此背景下,2014年8月美国空军发布指令,加强内部人员管控。

二、指令的主要内容

此次,美国空军发布"指令"的目的是构建一个框架以整合相关政策和程序来预防、阻止和减少内部威胁。通过新技术持续评估内部人员,以监控信息系统和审计用户的活动。通过反恐、反间谍、加强执法力度等手段持续改进内部威胁检测。"指令"主要包括网络监控和审计、信息共享、安全、培训和意识、内部威胁报告和响应五大重点领域。

在网络监控和审计方面,美国空军强调将网络监控和审计能力融入到降低内部威胁的全过程中,并将持续改进监控和审计能力,以满足当前和未来空军任务需求,以及联邦政府和国防部的相关标准,并积极寻求阻止和检测异常活动的最佳做法。

在信息共享方面,美国空军强调高效的内部威胁计划依赖于及时的信息共享,为此,必须确保反间谍、安全、执法和人力资源等相关政策和信息及时传达给内部威胁计划的工作人员,以便他们能够采取适当的行动。

在安全方面,美国空军强调建立相关程序对人员进行持续评估,以确保人员的可靠性和信任度。同时,要加强访问控制管理,防止未经授权的内/外部人员的访问,与此同时,必要的物理防护措施对确保相关信息安全,防止内部人员越权访问也是至关重要的。指令要求在制定相关安全(如网络、信息、工业、人员、物理和操作安全)策略的过程中要充分考虑到对人员的持续评估、必要的访问控制与物理防护措施,以保护国家资产安全。

在培训和安全意识方面,美国空军强调要加强对内部威胁计划人员的培训,希望通过培训与安全教育确保其严格遵守隐私权、举报人、记录保存、公民自由和信息共享等相关要求,同时提升内部工作人员识别、报告内部威胁的安全意识。

在内部威胁报告和响应方面,美国空军强调内部人员之间对内部威胁异常行为要及时报告和快速响应,要建立相应程序,以确保内部威胁计划工作人员能够对必要和相关信息进行整合、分析,并做出恰当地降低内部威胁的应对行动。

三、指令发布的意义

人是保密工作中"活"的载体。涉密人员是保守国家秘密的骨干力量,是保密管理的核心要素。如果涉密人员出了问题,再好的技术也不管用。对涉密人员的保密教育和管理是否到位,涉密人员、尤其是核心涉密人员是否能严格遵守保密纪律,将直接影响保密工作成效。

此次美国空军颁布的指令将内部人员安全保密管控工作又向前推进了一步。指令特别指出,要加强对内部人员的安全审计、访问控制管理及安全培训教育,不断提升内部人员安全意识。这将对美国国家安全发展具有重要意义。

专题四：美国发布草案指导政府安全使用移动设备认证技术

随着移动技术的不断成熟和移动设备的广泛使用，美国政府尝试将移动设备与 PIV 卡①相结合，通过技术手段将 PIV 卡的身份认证功能植入如手机和平板电脑等移动设备中，实现用户远程身份认证，确保移动设备访问政府计算机系统的安全性。2014 年 3 月 7 日，美国国家标准技术研究院(NIST)发布了《个人身份验证证书指南》和《移动、PIV 和认证》两份文件草案，对移动设备安装 PIV 证书的技术细节进行详细规定，以指导政府工作人员和承包商安全使用移动技术，进一步完善移动设备的政策与标准体系。

一、文件出台的背景

移动设备具有成本低、技术更新快、应用功能强大、维护简便等优势，可大幅改善信息共享和通信能力，越来越受到美国政府部门的高度重视，并予以推广应用。黑莓、苹果公司的移动设备先后通过美国国防部审批，获准通过移动设备站点接入国防部网络，直接应用于国防领域。

尽管移动设备的优势明显，但其存在的诸多安全隐患和问题不容忽视。一方面，移动设备自身的安全漏洞难以察觉和控制，如在设计阶段有被植入安全漏洞或监控软件的风险，在使用阶段可通过隐藏在应用程序中的恶意软件或病毒，对其进行攻击，致使信息泄露，同时，由于

---

① PIV 卡是由美国政府发行的智能卡，是工作人员和承包商使用政府设施和进入计算机网络的凭证。

缺乏确保数据在移动设备上安全性的认证加密模块,保护移动设备上的敏感信息也存在一定难度等问题。另一方面,移动设备管理上的漏洞也进一步阻碍了其安全使用和推广。如美国国防部总监察长在对陆军移动设备战略执行情况的检查中发现,因未对移动设备使用的软件、访问的站点、查看保存或修改的数据进行有效监控,致使美国陆军约1.4万台移动设备处于不可控状态;因未对移动设备加装有效的管理软件,致使在移动设备转让、遗失、被盗和损坏时,无法对其存储的数据进行远程擦除;因未对移动设备接入内部网络和存储敏感数据进行严格限制,致使移动设备成为泄露敏感信息和数据的重大隐患,易造成安全事故或泄密事件等管理漏洞。

二、文件的主要内容

由于移动设备在使用过程中存在易遭病毒攻击、难于控制等安全风险和漏洞。为此,对移动设备进行用户身份认证,确保信息访问和传输的安全性,防止重要信息泄露,成为亟待解决的问题。为此,NIST 着手制定有助于实现 PIV 认证机制和移动设备证书的使用指南,为移动设备的安全使用提供政策指导和技术支持。

其中,《个人身份验证证书指南》主要用于指导用户如何通过使用硬件或软件加密模块获取 PIV 证书,以及获取 PIV 证书的技术要求和安全要求等。该指南主要包括两部分内容:一是 PIV 证书的获取、维护和终止三个重要阶段,以及每个阶段的安全要求;二是 PIV 证书的认证条款、加密规则、加密类型,以及 PIV 证书的激活和使用机制。该指南规定,PIV 证书在授予前需要对申请人的身份进行验证,以确保发放的安全性。如果通过电子协议发出 PIV 证书,则需要进行身份验证、保护性修改或者加密,以保护私有或保密数据的安全。一旦政府部门或相关机构发出终止条文,则需要终止相关人员 PIV 证书的使用权。《移动、PIV 和认证》则主要分析了使用 PIV 卡和 PIV 证书两类移动设备电子认证方法的特点和实施途径,并指出了每种方法的优点和注意事项,以及方法的可操作性和发展趋势。上述两份文件草案从移动设备安全认证技术的具体实施与操作标准方面,对移动设备的政策体系进行了补充和完善,为移动设备的安全使用提供了重要技术指南。

三、美国移动设备的发展战略与政策

近几年,美国相继制定和出台了一系列移动设备顶层文件,大力推动移动设备的发展和应用。2012 年,美国国防部发布《移动设备战略》,提出了美国国防部移动能力建设的总体思路和战略布局,主要从移动基础设施、移动设备、移动应用软件三个方面加强移动能力建设。为进一步贯彻落实《移动设备战略》,2013 年,国防部又发布了《商用移动设备实施计划》和《移动设备管理》等政策性文件,规范商用移动设备的管理与应用流程,加快商用移动设备在国防领域的使用推广。作为《移动设备战略》的具体执行计划,《商用移动设备实施计划》提出要充分利用商用移动设备解决方案和可信云解决方案,以降低国防部基础设施的建设和管理运营成本;要支持多厂商商用移动设备操作系统环境,以实现设备的兼容采购;要建立联邦级的存储和分发设施,以确保移动应用的运行;要建立通用的移动应用开发框架,以支持不同操作系统间的互操作;要针对非密和涉密信息领域商用移动设备采取不同的实施计划;要将国防部移动能力纳入到现有的网电空间态势感知和计算机网络防御中。为进一步加强对移动设备的安全管控,《移动设备管理》对商用移动设备和操作系统、商用移动应用程序、政府/开源移动应用程序的管理和审核标准进行具体规定,规范并简化操作流程,以实现移动设备、操作系统和应用程序的快速交付与安全使用。

四、未来发展趋势

为进一步简化移动设备现有的身份认证方式,增强移动设备的安全性和可操作性,DARPA 已启动了"主动认证"项目,目前已进展至项目的第二阶段,未来可实现将环境感知技术和基于云的生物识别技术(如人脸、声音、指纹、虹膜等)集成在移动设备中,利用生物识别安全技术取代或扩展现有的繁琐、复杂的密码和访问智能卡等安全认证手段,从而实现对移动设备的主动认证,大幅提升移动设备的身份认证和安全访问能力,解决移动设备存在的诸多安全隐患,使移动设备在政府部门和军方能够得到更加迅速、安全的推广与使用。

专题五：美国推出国家网络安全援助计划

2014 年 12 月,美国《国家网络安全援助计划》(NSCAP)高峰论坛在美国马里兰州安纳波利斯举行,就国家网络安全援助计划的主要任务及网络安全应急响应援助(CIRA)资格认证的申请流程等内容进行讨论。早在 2014 年 5 月,美国国家安全局就宣布洛马公司、博思艾伦咨询公司、火眼公司、曼迪昂特、Crowd Strike Services、Maddrix、Verizon等 7 家公司通过美国网络应急响应援助资格认证,认证有效期为一年。这标志着《国家网络安全援助计划》已经开始发挥指导作用,美国网络安全应急响应援助工作进入新的发展阶段。

一、美国网络应急响应援助体系建设基本情况

面对日益复杂和形式多样的网络攻击,要想确保组织的网络安全,就必须要有同样有力和快速的反应能力。为此,近年来美国政府多举措加强其网络应急响应援助体系建设。

2010 年 3 月,美国白宫解密并公布了《国家网络安全综合计划》(CNCI)的部分内容,其目的是打造和构建国家层面的网络安全防御体系。计划明确提出要加强计算机应急响应小组的职能,美国计算机机应急响应小组基于现有程序大幅提升分析预警能力和态势感知能力。该计划还发出了 12 项重要倡议,分别为:将现有的美国联邦政府各部门网络合并成一体化的"可信任互联网连接"的政府网络;在联邦政府机构中安装传感器入侵检测系统[①];寻求在联邦政府机构中部署入侵防

---

① 该计划被称为"爱因斯坦 - 2 计划"。

御系统①;协调并指导相关的研究开发活动;连接现有的网络运行中心,以增强对网络安全态势的认知能力;制定并推行政府部门的网络反情报计划,以减少外国网络间谍对美国政府及私人领域进行网络情报威胁;增强涉密网的安全性;加强网络教育与培训;开发新技术;制定和发展持久的威慑战略与计划;制定全球供应链风险管理模式;确定联邦政府将网络安全融入到关键基础设施工作中的职责。

2010年9月,美国国土安全部发布了《国家网络应急响应计划》(NCIRP),作为NCCIC协调网络安全的机制框架和行动纲领。该计划将网络安全态势分成"稳态网络活动"和"重大网络安全事件"两种状态,并强调要重点应对和处理"重大网络安全事件"②。

2014年2月,美国国家安全局推出《国家网络安全援助计划》。该计划重点关注以下四大领域:入侵检测、应急响应、漏洞评估和渗透测试。每个领域都将建立一个认证框架,用以评估供应商提供网络应急响应援助服务的能力。根据计划要求,只有通过网络安全应急响应援助资格审查认证的企业方可提供相关援助工作。

此外,美国还重视完善网络应急管理协调机构职能,提高应对重大网络安全事件的协调效率。2009年11月,国土安全部成立美国国家网络安全和通信综合中心(NCCIC),该中心整合了国土安全部下属的多个国家网络安全中心和应急响应小组,成为协调指挥美国网络安全各项行动的"中枢"。中心是一个全天候的(24h×7)综合网络安全和通信行动中心,是发生重大网络安全事件时协调相关行动的国家联络点和执行中心。中心负责汇集和分享来自各合作伙伴的有关网络态势感知、脆弱性、入侵事件等信息。当发生重大网络安全事件时,NCCIC还要充分发挥其协调机制,快速整合各方组织的相关权力、资源和态势信息,以便有效应对相应的安全事件。

---

① 该计划被称为"爱因斯坦-3计划"。

② 当国家网络风险预警系统指标设定为2级或1级时,则被认为当前状态为发生了重大网络安全事件。

二、国家网络安全应急响应援助资格审查认证情况

根据《国家网络安全援助计划》的要求,美国推行国家网络安全应急响应援助认证(CIRA),洛马公司、博思艾伦咨询公司、火眼公司、曼迪昂特、CrowdStrike Services、Maddrix、Verizon 等 7 家公司已成为首批通过审查认证的企业。这 7 家单位将可提供网络安全事件的应急援助服务。

根据计划的相关要求,通过认证的服务提供商必须满足以下条件:

(1)能提供 21 项关键的应急响应援助服务,分别为:企业声明、服务协议、日志采集和分析、核心能力概述、客户参与、网络流量数据收集和分析、运作过程与流程步骤、通信管理进程、主机完整性、信息收集和分析、员工技能文档、初始数据收集、事件分析、CIRA 教育和培训计划、资质认证、遏制和补救、过往表现、事后分析、用户提供的信息和数据、交战规则、经验教训;

(2)能使用可复验的流程或程序提供一致性服务;

(3)选派高技能、有资质的员工按照标准流程和程序提供最好的服务;

(4)通过培训提高服务质量,共享态势感知。

NSA 希望通过 CIRA 认证促进公共和私营部门合作,并利用专业知识保护国家利益。

综上所述,美国通过发布专项计划、完善网络应急管理协调机构职能、推行国家网络安全应急响应援助认证等方式,逐步强化国家网络安全应急管理机制的运行效率,提高风险控制水平,美国目前已具备相对完善的网络应急响应管理体系。

参 考 文 献

[1] IHS Aerospace, Defense & Security, IHS Jane's Defense Budgets: End of Year Report 2013 – Focus on: Poland, Saudi Arabia and Japan, 2014.

[2] Electronic Leaders Group, A European Industrial Strategic Roadmap for Micro and Nano – Electronic Components and Systems, 2014. 2.

[3] Committee on Homeland and National Security Of The National Science and Technology Council, Recommended Goals to Modernize and Revitalize Federal Security Laboratory Facilities and Infrastructure. 2014. 09.

[4] Institute for Defense Studies and Analyses, Defense Innovation in India The Fault Lines, 2014. 01.

[5] SIPRI, Trends in International Arms Transfers 2013, 2014. 03.

[6] Material Genome Initiative strategic plan. OSTP, 2014.

[7] http://www. 3ders. org/articles/20140310 – university – of – sheffield – amrc – with – boeing – designs – a – 3d – printed – uav. html.

[8] http://dtic. mil/doctrine/concepts/joint_concepts/jceo. pdf.

[9] Joint Concept for Entry Operations , 2014.

[10] Progress against the Objectives of the National Cyber Security Strategy, 2013.

[11] The National Cyber Security Strategy Our Forward Plans, 2013.

[12] Radiated power: AMDR groomed for integrated air and missile defence. International Defence Review, 2014.

[13] http://www. defenseindustrydaily. com/amdr – competition – the – usas – next – dual – band – radar – 05682/.

[14] http://fas. org/sgp/crs/weapons/RL32109. pdf.

[15] http://www. darpa. mil/NewsEvents/Releases/2014/07/24. aspx.

[16] http://www. darpa. mil/.

[17] http://www. darpa. mil/Our_Work/DSO/Programs/Program_in_Ultrafast_Laser_Science_and_Engineering_(PULSE). aspx.

[18] http://www. darpa. mil/Our_Work/DSO/Programs.

[19] http://www. sciencedaily. com/releases/2014/05/140505112538. htm.

[20] http://www. sciencedaily. com/releases/2014/05/140509131607. htm.

[21] http://www. sciencedaily. com/releases/2014/03/140331114430. htm.

[22] http://epub,sipo. gov. cn/patentoutline. action.

[23] http://epub,sipo. gov. cn/patentoutline. action.

[24] http://www. dsti. net/Information/News/88011.

[25] http://www. sciencedaily. com/releases/2013/11/131107154818. htm.

[26] http://www. sciencedaily. com/releases/2014/01/140117191352. htm.

[27] http://www. sciencedaily. com/releases/2014/06/140620102314. htm.

[28] http://the – printableform. rhcloud. com/knowledge – management – and – doctrine – 2015 – home – us – army – /.

[29] http://fas. org/irp/doddir/army/fm3 – 38. pdf.

[30] http://www. nist. gov/itl/csd/launch – cybersecurity – framework – 021214. cfm.

[31] http://www. nist. gov/cyberframework/upload/cybersecurity – framework – 021214 – final. pdf.

[32] http://heartbleed. com/.

[33] http://www. nist. gov/itl/csd/stvm/nvd. cfm.

[34] http://www. afspc. af. mil/library/factsheets/factsheet. asp? id = 20874.

[35] http://www. afspc. af. mil/library/factsheets/factsheet. asp? id = 20873.

[36] http://www. afspc. af. mil/library/factsheets/factsheet. asp? id = 20869.

[37] http://www. afspc. af. mil/library/factsheets/factsheet. asp? id = 20870.

[38] http://www. afspc. af. mil/library/factsheets/factsheet. asp? id = 20872.

[39] http://www. afspc. af. mil/library/factsheets/factsheet. asp? id = 20871.

[40] http://www. stratcom. mil/factsheets/2/Cyber_Command/.

[41] https://www. us – cert. gov/.

[42] http://www. 24af. af. mil/news/story. asp? id = 123414393.

[43] http://www. dsti. net/Information/News/91277.

[44] http://www. dsti. net/Information/News/87258.

[45] http://www. dsti. net/Information/News/86990.

[46] https://www. icann. org/.

[47] http://evigo. com/12722 – icann – us – transfer – stewardship – internet – global – community.

［48］「国民を守る情報セキュリティ戦略」（PDF）情報セキュリティ政策会議、平成 22 年 5 月 11 日．

［49］「防衛省・自衛隊によるサイバー空間の安定的・効果的な利用に向けて」防衛省、平成 24 年 9 月．

［50］「サイバーセキュリティ戦略」（PDF）情報セキュリティ政策会議、平成 25 年 6 月 10 日．

［51］「サイバーセキュリティ2013」（PDF）情報セキュリティ政策会議、平成 25 年 6 月 27 日．

［52］「サイバーセキュリティ国際連携方針」（PDF）情報セキュリティ政策会議、平成 25 年 10 月 2 日．

［53］「国家安全保障戦略」（PDF）閣議決定、平成 25 年 12 月．

［54］「平成 26 年以後の防衛計画大綱」（PDF）閣議決定、平成 25 年 12 月．

［55］「中期防衛力整備計画（平成 26 年～平成 30 年）」（PDF）閣議決定、平成 25 年 12 月．

［56］「防衛省とサイバーセキュリティ——日本のサイバーセキュリティに関する進展と落とし穴」SFC 研究所日本研究ぷラットフォーム・ラボ、ワーキングペーパーシリーズNo. 8、平成 25 年 12 月．

［57］「新・情報セキュリティ人材育成プログラム」情報セキュリティ政策会議、平成 26 年 5 月 19 日．

［58］「防衛生産・技術基盤戦略～防衛力と積極的平和主義を支える基盤の強化にむけて～」防衛省、平成 26 年 6 月．

［59］「サイバーセキュリティ基本法案」衆議院、平成 26 年 6 月．

［60］「情報セキュリティ研究開発戦略（改定版）」情報セキュリティ政策会議、2014 年 7 月 10 日．

［61］「新・情報セキュリティ普及啓発プログラム」情報セキュリティ政策会議、2014 年 7 月 10 日．

［62］「サイバーセキュリティ2014」情報セキュリティ政策会議、2014 年 7 月 10 日．

［63］「サイバーセキュリティ政策に係わる年次報告（2013 年度）」情報セキュリティ政策会議、2014 年 7 月 10 日．

［64］https：//firstlook. org/theintercept/2014/12/04/nsa－auroragold－hack－cellphones/．

［65］https：//fas. org/irp/doddir/usaf/afi16－1402．

[66] http://static. e – publishing. af. mil/production/1/saf_aa/publication/afi16 – 1402/afi16 – 1402. pdf.

[67] https://www. nsa. gov/ia/_files/NSCAP_INDUSTRY_FORUM_DAY_ANNOUNCE-MENT. pdf.

[68] http://www. asdnews. com/news – 55288/LM_Earns_Cyber_Incident_Response_Accred-itation_from_the_NSA. htm.

[69] http://www. dtic. mil/whs/directives/corres/pdf/520002 – 2014. pdf.

[70] http://www. govinfosecurity. com.

[71] http://www. dsti. net/Information/News/91790.

[72] Broad Agency Annoucement Transparent Computing(TC) DARPA – BAA – 15 – 15, De-cember 5, 2014.

[73] http://www. disa. mil/News/PressResources/2014/Strategic – Plan.

[74] http://defensesystems. com/articles/2014/05/02/disa – northrop – c2 – modernization. aspx.

[75] http://defensesystems. com/articles/2014/06/03/air – force – space – fence – lockheed. aspx.

[76] http://www. gpsdaily. com/reports/British_MoD_works_on_quantum_compass_technolo-gy_to_replace_GPS_999. html.

[77] http://defensesystems. com/articles/2014/08/28/onr – tactical – cloud – expeditionary – warfare. aspx.